Pferde

Pferde

EDITION XXL

Bildnachweis:
Alle Bilder Foto Sorrel, Ebersbach, mit Ausnahme von:
Bilder B. Weiler: S. 20u, 21, 23or, 27or, 35ol, or, 41or, 46, 47 Schritt und Trab, 48, 49, 50 außer Englisch Sattel, 51 Mitte, 52, 53, 54 oben, 56, 57or und ur, 58 Mitte, 59, 64 l, 66, 68, 69, 71 o und Mitte, 83 o, 86, 87, 89, 94 o
Edith Lipp: S. 78

Text: Bernd Weiler
Fachliche Beratung: Annette Eissler
Graphiken: Wolfgang Hofmeister

ISBN 3-89736-703-3

Inhalt

Einleitung

Je nachdem, wo man in Deutschland zu Hause ist, gehören Pferde mehr oder weniger zum alltäglichen Bild der Landschaft. In Nordrhein-Westfalen und Schleswig-Holstein mit ihren großen und berühmten Gestüten prägen Pferde auf der Weide das Bild vielleicht deutlicher als im Süden und Südwesten Deutschlands oder in den Ballungsgebieten Mitteldeutschlands und in den neuen Ländern. Natürlich spielt das Pferd als Arbeitstier längst nicht mehr die Rolle in Landwirtschaft und Forstarbeit, wie

Wildpferde in der Wüste Namib an der Küste Namibias.

es einmal Ende des vergangenen Jahrhunderts und zu Anfang unseres Jahrhunderts war. Maschinen aller Art, mit vielen „Pferdestärken" unter einer Motorhaube, haben ihre Arbeit übernommen und sie in den Freizeitbereich verdrängt. So ganz allerdings noch nicht, denn inzwischen haben vor allem die Forstarbeiter festgestellt, dass ein pfleglicher Holzschlag am besten mit starken Kaltblütern, also relativ schweren, kräftigen Pferden, möglich ist. Sie allein sind – vergleichbar mit den noch deutlich stärkeren Elefanten etwa in Indien – in der Lage, einzelne Stämme aus dem Wald zu schleppen, ohne dabei die anderen Bäume in Mitleidenschaft zu ziehen. Also gibt es auch für Pferde Nischen, in denen sie auch heute noch ihre Fähigkeiten unter Beweis stellen können.

Dieses Buch möchte einen ersten Einblick in die Pferdewelt bieten. Sei es für den interessierten Jugendlichen oder auch für den heranwachsenden Pferdenarren. Für alle gibt es was zu sehen und zu lesen! Denn sosehr das Pferd als Arbeitstier verdrängt worden ist, umso mehr erfreut sich der Pferdereitsport zunehmender Beliebtheit, denn es ist nicht mehr nur Angelegenheit der oberen Zehntausend, sich ein Pferd zu halten. Kosten sind mit einem Pferd immer verbunden. Vor allem solltet ihr die laufenden Unterhaltskosten für Stall, Hufpflege und Tierarzt nicht unterschätzen.

Wer aber beim Pferdekauf auf das teure, ausgebildete Sportpferd verzichtet und sich mit einem Tier ohne Papiere begnügt; wer sich nach günstigen und guten Stallmöglichkeiten umsieht und sich außerdem nicht scheut, auch selbst für sein Tier zu arbeiten und zu sorgen, der kann sich heutzutage auch mit einem begrenzten Budget den Traum vom eigenen Pferd erfüllen.

Für den Anfang allerdings sollte es beim Träumen bleiben, denn Reiten will gelernt sein und das nicht unbe-

Eine Mustangherde in der amerikanischen Prärie.

dingt auf einem eigenen Jungpferd, das selbst sozusagen noch das Geritten sein lernen muss. Es empfiehlt sich deshalb für Kinder und Jugendliche, die sich für Pferde und den Reitsport interessieren, einen Reithof in ihrer Nähe zu suchen, der Kurse für die erste Begegnung mit dem großen Vierbeiner anbietet. Dort lernt sie oder er zusammen mit anderen jungen Pferdefreunden, wie man sich richtig verhält, wie man sich auf dem Pferderücken bewegen kann und wie man korrekt sitzt und reitet. Es ist ein weiter Weg bis zum ersten Galopp, aber dieser Weg lohnt sich!

Im Gegensatz zu anderen „Haustieren" hat sich das Fluchttier Pferd seinen wilden Ursprung zu einem relativ großen Teil bewahrt. Das liegt einfach daran, dass es sich nicht so leicht wie Hund und Katze an den Menschen und seine Umgebung gewöhnt. Pferde sind vorsichtige Zeitgenossen, immer auf der Hut vor möglichen Bedrohungen und Angreifern. An diesen Grundsatz muss man sich immer erinnern, wenn ein Pferd sich wieder einmal nicht so verhält, wie man es vielleicht von ihm erwartet hat. Daher ist es auch so wichtig, den Umgang mit Pferden zu erlernen. Erst dann, mit der notwendigen Routine, macht der Umgang mit Pferden Spaß und kann zu einer lebenslangen Freude werden.

Im ersten Kapitel geht es um die Entwicklungsgeschichte des Pferdes, wie es über die Jahrmillionen der Evolution von den Vorfahren zu den heutigen Pferderassen gekommen ist. Diesen vielen hundert Pferderassen, die es auf der Welt gibt, ist das nächste Kapitel gewidmet. Natürlich konnten wir für dieses Buch nur einen Teil davon auswählen, zuallererst diejenigen, denen ihr in Deutschland

Die Dülmener Wildpferdeherde beim Grasen im Merfelder Bruch

auf so mancher Weide begegnen könnt, aber auch einige Rassen, die in Europa und Asien sowie im nördlichen und südlichen Amerika zu Hause sind. Darunter auch solche, die zwar auf anderen Kontinenten heimisch sind, aber inzwischen auch in Deutschland immer bekannter werden, etwa das Curly Horse. Durch die besondere Beschaffenheit seiner Fellhaare können auch Menschen, die an einer Pferdeallergie leiden, mit dieser Pferderasse den Reitsport ausüben. Curly-Importe kann man schon im Pferdehandel erwerben und inzwischen gibt es auch die ersten Curly-Züchter in Deutschland.

Im nächsten Kapitel wollen wir verstehen lernen, wie das Tier Pferd „funktioniert" und wir werden feststellen, dass natürlich – wie bei jedem Säugetier – die Beschaffenheit und die Anzahl der Knochen denen des Menschen sehr stark ähneln. Der Pferdekenner weiß, wie wichtig das Gebiss, die Zahl der Zähne und ihre Stellung für die Erkennung des Alters eines Pferdes ist, darum dreht es sich auf den folgenden Seiten. Die Sinnesorgane des Pferdes sind verschieden stark ausgeprägt. Vor allem sein Sehsinn und sein Gesichtsfeld sollten einer Reiterin oder einem Reiter bekannt sein, damit sie oder er sich richtig auf ein Pferd zubewegt.

Schließlich sollen in diesem Kapitel auch die vielfältigen Färbungen der Pferde erläutert werden, dazu zählen Abzeichen an den Beinen und am Kopf, aber auch die verschiedenen Hauptfarben bei den Pferden.

Die drei wichtigsten Grundgangarten der Pferde stellt das folgende Kapitel vor. Dann geht es um all die vielen Dinge, die zum Reiten dazugehören, die Ausrüstung also, etwa Sattel, Zaumzeug, Stiefel, Reitgerte und so weiter und so fort.

Um aber mit dem vierbeinigen Freund richtig umgehen zu können, sollte man auch wissen, welche wichtigen Verhaltensmaßregeln es dabei zu beachten gibt. Diese sind im nächsten Kapitel zusammengefasst. Denn wenn man einmal gelernt hat, sich auf die richtige Weise einem Pferd von schräg vorne zu nähern und beim Füttern die Hand flach zu halten, hat man schon die erste Klasse der Pferdegrundschule in Sachen Verhalten absolviert.

Dann kann es losgehen mit dem ersten Satteln und den Grundübungen beim Voltigieren und Longieren. Wenn dann die erste Verständigung geklappt hat, dann kann man sich der Reihe beim Abteilungsreiten anschließen und in der Gruppe die ersten Übungen in den Gangarten Schritt, Trab und langsamem Galopp einstudieren und trainieren.

Anschließend darf man natürlich die Pferdepflege nicht vergessen, denn nach dem anstrengenden Abteilungsritt ist das Pferd wahrscheinlich verschwitzt und braucht seine Pflege. Was dazu nötig ist an Ausrüstung und Grundkenntnissen, das erklärt das folgende Kapitel. Darüberhinaus zeigt euch dieses Kapitel, wie sich eine Hufpflegerin um die Hufe der Pferde kümmert. Vom Messen der Hufe bis hin zu den verschiedenen Bearbeitungsschritten könnt ihr die Hufpflege verfolgen.

Damit sind wir schon beinahe im nächsten Kapitel, bei der Gesundheit des Pferdes. Natürlich möchte jeder Pferdehalter, dass sein Tier gesund ist und auch gesund bleibt. Was das Pferd dazu braucht erfahrt ihr auf diesen Seiten ebenso, wie das Wichtigste über die häufigsten Krankheiten, wie man sie frühmöglichst erkennen kann und in welchen Situationen der Pferdehalter in jedem Fall einen Tierarzt hinzuziehen sollte.

Besondere Bedeutung für die Gesundheit der Pferde hat natürlich ihre Ernährung. Auf den nächsten Seiten

Amerikanische Mustangherde an einer Wasserstelle

sind die verschiedenen Futtersorten zusammengestellt. Außerdem erhaltet ihr einen Einblick in das Innenleben eines Pferdes; die Zeichnung zeigt die zur Verdauung wichtigen Organe.
Um Pferde verstehen zu können, müssen wir wissen, wie Pferde sich ausdrücken. Diese Körpersprache der Pferde ist Inhalt des nächsten Kapitels. Denn wenn wir wissen, wann sich ein Tier wohlfühlt und mit welcher Geste es Unmut, Angst oder Aufregung signalisiert, dann können wir darauf auch reagieren. Viele Verhaltensweisen der Pferde lernen wir über diese Signale verstehen.
Die Frage, Wie bringe ich mein Pferd am besten unter?, stellt sich vielleicht erst, wenn man selbst zur stolzen Pferdebesitzerin oder zum stolzen Pferdebesitzer geworden ist. Dann muss man sich in der Umgebung nach geeigneten Pferdehöfen umschauen und die verschiedenen Haltungsformen kennen. Auf den folgenden Seiten sind die wichtigsten, Box, Paddock und Offenstall in Bild und Text vorgestellt.
Ein grandioser Moment steht an: Das Fohlen ist im Mutterleib herangewachsen und sucht schließlich seinen Weg in die neue Welt. Mit tollen Bildern könnt ihr auf den nächsten Seiten miterleben, wie die Geburt

Ein American Curly Horse in vollem Galopp

Beim Hengstkampf geht es auch manchmal zur Sache.

oben: *Die schweren Ardenner werden heute vor allem als Zugpferde eingesetzt.*

unten: *Stute mit Fohlen*

eines Fohlens vor sich geht. Eigentlich für die Mutterstute ein ganz privater Augenblick, bei dem sie sich nicht gerne zuschauen lässt. Hier ist es dem Fotografen gelungen, aus nächster Nähe diesen Vorgang mit der Kamera festzuhalten.

Was wichtig ist beim Kauf eines Pferdes, warum ein Tierarzt das Pferd untersuchen sollte und welche Papiere beim Kauf wichtig sind, darüber soll das folgende Kapitel berichten.

Nun ist es soweit, man nennt ein junges Pferd sein eigen und stellt fest, dass neben der Ausbildung des Reiters auch das Pferd noch lernen muss. Die Grundlagen der ersten Arbeit mit dem Pferd, bevor es geritten werden kann, die Bodenarbeit und das Longieren, erläutert das nächste Kapitel.

Wenn die Grundbegriffe erlernt sind, das Pferd ausgebildet ist und man sich sicher im Sattel bewegt, dann führt der Weg der Reiterin oder des Reiters oft hin zum Reitsport mit seinen vielen Möglichkeiten. Ob Springreiten, Wanderritt oder Horseball, jede Sportart besitzt ihre Reize und ihre Tücken. Natürlich kommt es vor allem auch auf das Pferd selbst an, ob es für die eine oder andere Sportart überhaupt geeignet ist. Die breite Palette der Pferdesportarten ist auf den nächsten Seiten zusammengestellt.

Schließlich fassen die letzten beiden Seiten noch einmal die wichtigsten

Ein Belgisches Kaltblut, auch Brabanter genannt.

Begriffe mit Erklärungen zusammen. Ein Stichwortverzeichnis auf der letzten Seite dieses Buches soll es euch leichter machen, zu finden, was ihr sucht.

Zum Schluss noch einige allgemeine Bemerkungen zum Thema Pferd: Ob Shetland Pony oder riesiges Shire Horse, jedes Pferd besitzt eine eigene Persönlichkeit, der man mit Respekt begegnen sollte. Denn Pferde sind weder niedliche Spielkameraden, noch treue Freunde, wie etwa das Fernsehpferd „Black Beauty", sondern durchaus ernstzunehmende Lebewesen. Die Sprache und die Bedürfnisse dieser Vierbeiner zu lernen und zu achten, sollte die Grundlage für den Umgang mit diesen herrlichen Tieren sein.

Eine halbwilde Herde von Spanish Barbs an einer Wasserstelle.

Die Entwicklungsgeschichte

Spuren der ersten Vorfahren des heutigen Pferdes reichen etwa 60 Millionen Jahre zurück. 1840 benannte Richard Owen diesen Vorläufer Hyracotherium, weil er es für einen Vertreter einer Nagetiergattung hielt, aus der auch der Elefant hervorgegangen sein soll. Schon vierzig Jahre später brachte der Wissenschaftler Charles Marsh Licht in die Angelegenheit, denn er ordnete das Hyracotherium als Eohippus („Pferdchen der Morgenröte") der Ahnenreihe der Pferde zu und entwickelte einen fast lückenlosen Stammbaum dieser Tiere.

Natürlich glich dieser Vorfahre dem heutigen Pferd nur sehr wenig: an den Vorderfüßen trug er jeweils vier Zehen, an den Hinterfüßen je drei Zehen, sein Rücken war gewölbt und er besaß niederkronige Laubfresserzähne. Sein Lebensraum waren die ausgedehnten Wälder, die im frühen Eozän auch den nordamerikanischen „Kontinent" bedeckten. Es ernährte sich vorwiegend von Laub und Blütenpollen. Im Laufe der Evolution entstand im Oligozän das etwas größere Mesohippus, das an den Vorderfüßen nun ebenfalls nur noch drei Zehen trug und erstmals eine Lücke zwischen Schneide- und Backenzähnen aufwies. Das Miozän brachte eine einschneidende Klimaveränderung, es wurde trockener und kälter. Die Wälder gingen zurück und es entstanden große Gras- und Steppenflächen. Diesen Bedingungen passte sich auch „das Pferd" in seiner Entwicklung an: das Merychippus hatte sehr hochkronige Grasfresserzähne und war schon etwa einen Meter groß. Die nun bereits deutlich größere mittlere Zehe endete in einem Huf und die noch vorhandenen Seitenzehen waren schon stark zurückgebildet. Aus dieser Pferdeform entwickelte sich dann das Pliohippus, die erste einzehige Gattung, die dem heutigen Pferd schon sehr ähnlich war.

Sein Nachfolger, das Equus, wanderte in vorgeschichtlicher Zeit über die sogenannte Beringstraße von Nordamerika nach Europa, Afrika und Asien ein und breitete sich rasch aus. Warum das Equus in Nord- und Südamerika anschließend ausstarb können sich die Wissenschaftler noch nicht erklären. Wir wissen nur, dass es der Seefahrer und Amerikaentdecker Christoph Columbus war, der wieder Pferde auf den amerikanischen Kontinent brachte. Die verwilderte Form dieser Pferde lebt noch heute als Mustang in Amerika.

Eohippus

Mesohippus

Merychippus

Pliohippus

Die Domestikation

Aus der frühen Form des Equus entwickelten sich im Laufe der Jahrtausende zahlreiche Wildpferdearten. Unsere frühen Vorfahren jagten diese Wildpferde, von deren Fleisch sie sich ernährten. Erst vor etwa 5000 Jahren begann der Mensch, das Pferd zu zähmen und als Reit- und Zugtier einzusetzen.

Aus dem wilden Pferd wurde so mit der Zeit eine Haustierart, die der Mensch je nach seinen Bedürfnissen züchtete. So entstanden zum Beispiel schwere Kaltblutrassen, die bei der Feldarbeit eingesetzt werden konnten, und andererseits Warm- und Vollblutrassen, die als edle Reit- und ausdauernde Kriegspferde dienten. Schon früh setzte man kleine Ponyrassen in Bergwerken als Grubenponys zum Ziehen der Loren ein.

Inzwischen hat das Pferd als Zug- und Arbeitstier seine Bedeutung verloren und wurde in der Regel durch Maschinen ersetzt. Nur bei manchen speziellen Aufgaben kommen heute noch sprichwörtlich Pferde „zum Zug", etwa in der Waldarbeit, wo man inzwischen erkannt hat, dass mit schweren Kaltblütern eine schonendere Waldwirtschaft betrieben werden kann, als mit Maschinen. Manche dieser alten Kaltblutrassen werden heute fast nur noch in Staatsgestüten

Warmblüter gehören zu den erfolgreichen Zuchtrassen für den Pferdesport.

zur Erhaltung der Rasse und für Schauvorführungen gehalten und gezüchtet.
In den letzten zwanzig Jahren gewann das Pferd zunehmend Bedeutung im Sport- und Freizeitbereich. Sehr viele landwirtschaftlichen Betriebe konnten sich durch Pensionspferde und die Einrichtung von Koppeln und Reitplätzen ein neues Geschäftsfeld erschließen. Man schätzt die Anzahl der heute in Deutschland gehaltenen Pferde auf etwa eine halbe Million.

Die Art „Pferd"

Die Biologen ordnen die Tierwelt in verschiedene Ordnungen, Familien, Gattungen und Arten. Dadurch lässt sich erklären, woher ein Tier stammt. Beim Pferd handelt es sich um die Art *Equus caballus*, die zur Gattung *Equus* gehört, zur Familie der *Equidae* zählt und zur Ordnung der *Perissodactyla* gerechnet wird. Diese Ordnung umfasst die Unpaarhufer, darunter Pferde, Pferdeähnliche, Tapire und Nashörner.
Zur Familie der *Equidae* zählt man die Pferde, die Esel, die Zebras, die Onager und die ausgestorbenen Formen dieser Ahnenreihe. Unter der Gattung *Equus* versteht man die lebenden *Equiden* samt ihrer unmittelbaren Vorfahren, als Untergattung zählen hierzu Zebras und Esel. Zur Art *Equus caballus* gehören das Hauspferd und seine wilden Verwandten.

Rückbildung der Pferdezehen

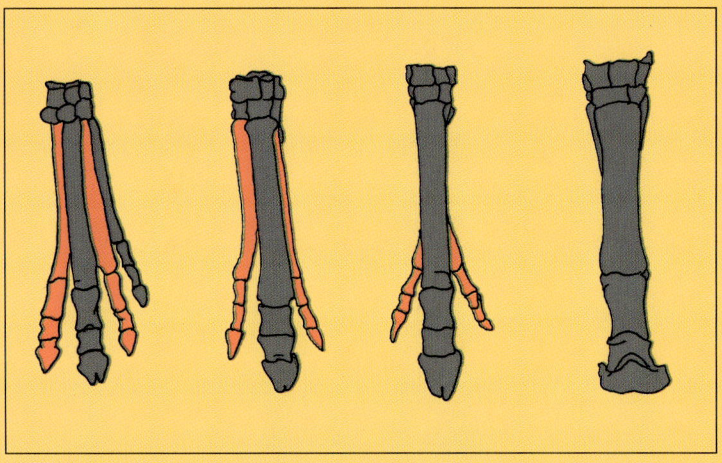

Die Abbildungen stellen von links nach rechts die Entwicklung vom vierzehigen Eohippus bis zum „einzehigen" Equus dar. Deutlich sichtbar ist die allmähliche Vergrößerung der mittleren Zehe bei gleichzeitiger Rückbildung der seitlichen Zehen.

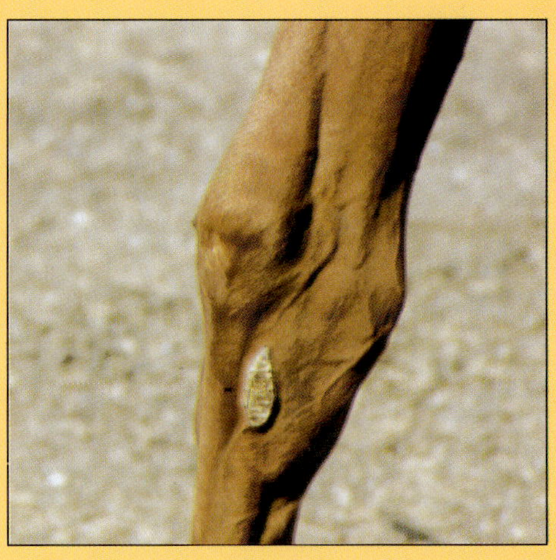

Die so genannten Kastanien gelten als Überreste des „Daumennagels".

Pferderassen

Wer sich bisher nicht mit Pferden beschäftigt hat, stellt sich leicht auf den Standpunkt, dass doch eigentlich jedes Pferd gleich aussieht. Natürlich erkennt jeder den Unterschied zwischen einem Rappen und einem Schimmel, klar, denn das eine Pferd ist schwarz und das andere weiß.

Wer sich jedoch bei einem Spaziergang entlang einer Pferdekoppel oder auf einem Reiterhof einige der großen Vierbeiner mal genauer ansieht, erkennt mit ein wenig Übung bald den Unterschied zwischen einer Ponyrasse, einem Araber und etwa einem schweren Kaltblut. Oft kommt man allerdings auch schnell wieder an seine Grenzen, denn um sich unter den so sehr ähnlichen Warmblütern auszukennen, dazu braucht es schon ein fachmännisches Auge.

Dieses Buch soll einen Einstieg in das weite Feld der „Pferdewissenschaft" bieten. Einige wichtige Begriffe und Fachausdrücke wollen wir im Folgenden erklären, andere findet ihr am Ende des Buches im Kapitel „Begriffserklärungen".

Grundsätzlich unterscheidet man zwischen Ponyrassen und Pferderassen. Allerdings ist das einzige Kriterium hierfür die Größe, beim Pferd spricht man dabei vom „Stockmaß". Dieses Maß bezeichnet die Höhe des Pferdes über dem Widerrist, also am Übergang vom Hals zum Rücken. Unter Pferdekennern hört man auch oft den Ausdruck „Kaliber". Das ist beim Pferd eine Bezeichnung für das Verhältnis von Gewicht und Größe. Es errechnet sich aus dem Quotienten aus Gewicht geteilt durch das Stockmaß. Wie ihr an dieser Gleichung gut erkennen könnt, sagt das Kaliber viel über die Kraft oder die Zugkraft eines Pferdes aus, denn ein Shetland Pony mit einem Stockmaß von einem Meter erreicht mit geringerem Gewicht ein größeres Kaliber als etwa ein leichter Araber mit großem Stockmaß.

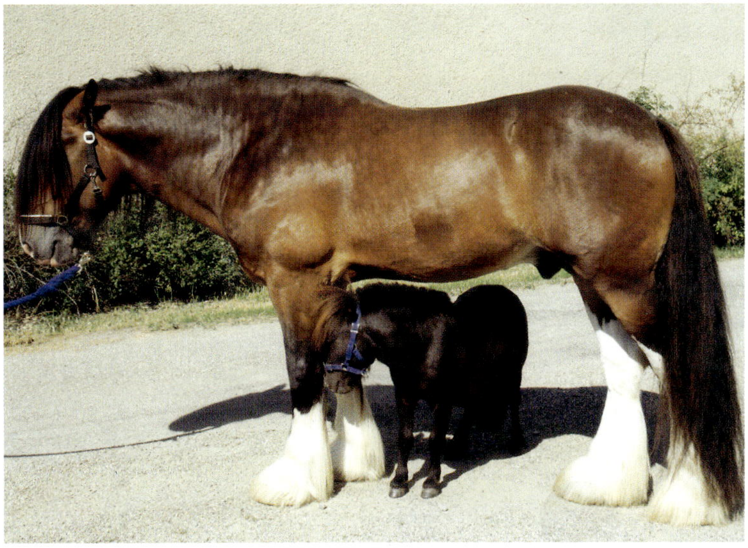

Kontraste: Das größte Pferd und das kleinste Pony, ein englisches Shire Horse und ein Mini-Shetland Pony

Für die Unterscheidung der verschiedenen Rassen spielen außerdem einige Körperteile eine maßgebliche Rolle, etwa der Kopf und sein Profil, die Ohren, der Hals, der Rücken und ihre Länge, die Form des Körpers und seine Bemuskelung, die Beine und schließlich auch die Beschaffenheit und die Länge der Mähne und des Schweifs, der so genannte Behang.

Um die einzelnen Körperteile und ihre Namen zu erfahren, schaut ihr euch am besten im Kapitel Anatomie die Abbildung auf Seite 38 an.

Wenn im folgenden von Farben die Rede ist, dann handelt es sich in den meisten Fällen um das Ergebnis von Züchtungen. Die Vorläufer der heutigen Pferde waren meist beige bis bräunlich gefärbt, je nachdem, ob sie in der Steppe, im Wald oder im Bergland heimisch waren. Aber es macht natürlich immer Eindruck, wenn man weiß, dass nur ein ganz schwarzer Friese ein echter Friese ist.

Dieses Bild macht klar, warum man vom „Stock"-Maß spricht: Man legt einen Stock waagrecht über den Widerrist und misst diese Höhe, das Stockmaß.

Achal Tekkiner

Herkunft: Turkmenistan
Größe: 150-160 cm
Farbe: alle Farben, viele Falben, auffallender Goldton
Charakter: eigenwillig, kühn, ausdauernd, bei schlechter Behandlung schwierig
Aussehen: leichter Kopf, lange Ohren, langer Hals (oft Hirschhals), hochbeinig mit feinen Gliedmaßen, sehr trockenes Gebäude, spärlicher Behang

Schon zu Zeiten von Alexander dem Großen war diese Pferderasse bekannt, denn der Nomadenstamm der Tekke züchtete diese Pferde bereits vor 2500 Jahren. Durch die Einkreuzung von Araberblut im 14. Jahrhundert entstand das heutige Erscheinungsbild. Es handelt sich um eine ausgesprochen ausdauernde Pferderasse, die durch Leistungsprüfungen in Langstreckenrennen ständig verbessert wurde. Es kursieren die unglaublichsten Geschichten; so soll einmal ein Achal Tekkiner ohne einen Tropfen Wasser fast 1500 Kilometer durch die Wüste zurückgelegt haben. Der Achal Tekkiner diente zur Veredelung einiger europäischer Rassen, etwa dem Englischen Vollblut und dem Trakehner.

American Curly Horse

Herkunft: USA, Nevada, Montana, Alaska, Kanada
Größe: 145 bis 155 cm
Farben: alle Farben, auch Schecken. Vielfach „Wildpferdefarben" wie Falben aller Schattierungen
Charakter: freundlich, neugierig, temperamentvoll
Aussehen: Kopf mit ausgeprägten Ganaschen, muskulös, quadratischer Körperbau.

Mittlere Größe, freundliches Wesen, unverwüstliche Gesundheit und Hufe wie aus Stahl – das sind die Merkmale des American Curly Horse, einer seltenen Pferderasse aus dem amerikanischen Westen. Ihr unverwechselbares Markenzeichen: Ringellocken vom Kopf bis zu den Fesseln.

Schon im letzten Jahrhundert zogen Indianer auf Pferden mit lockigem Fell in die Schlacht. Vor 100 Jahren fanden Rancher im US-Bundesstaat Nevada lockige Wildpferde in den riesigen Mustangherden. Cowboys fingen und zähmten die seltsamen Tiere, um sie zur Rinderarbeit einzusetzen.

Während das Fell im Winter dicht und krauslockig ist, sind die Pferde im Sommer fast glatt und sehen dann wie „ganz normale" Pferde aus. Nur die Innenhaare der Ohren sowie Mähne und Schweif verraten dann noch die Rasse. Das außergewöhnliche Haarkleid ist eine Anpassung an extreme klimatische Bedingungen. Curly Horses sind also eine echte Naturrasse, die dem härtesten Winter besser widersteht als viele andere gezüchtete Rassen.

Aber nicht nur die Optik des Curly-Fells ist außergewöhnlich. Auch die Struktur des einzelnen Haares ist anders und hat einen sensationellen Nebeneffekt: es ist hypo-allergen, das bedeutet, dass Pferdehaar-Allergiker beim Kontakt mit Curly Horses in der Regel keine Beschwerden haben.

Trotz ihrer wilden Vorfahren sind Curly Horses gutmütige, sensible und temperamentvolle Pferde. Die Farbpalette reicht von Falben über helle und dunkle Brauntöne bis hin zu Rappen. Über den Rücken verläuft oft ein deutlicher, feiner Aalstrich, die Ohren sind dunkel umrandet, und an den Beinen sind Zebrastreifen zu erkennen.

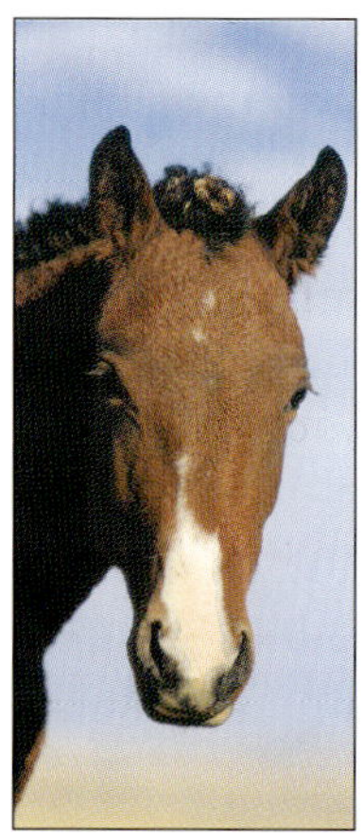

American Saddle Horse

Herkunft: USA
Größe: 153-163 cm
Farbe: alle Farben
Charakter: lebhaft, gutmütig, genügsam, ausdauernd
Aussehen: edler Kopf mit geradem Profil, große Augen, gebogener, hochgetragener Hals. Feingliedrig mit langen Fesseln und kleinen Hufen. Der Schweif wird hoch getragen.

Ursprünglich in Kentucky und Virginia als Luxuspferd gezüchtet, entstand diese Rasse aus einer Mischung von Morgan, Narragansett Pacer und Englischem Vollblut. Als Stammväter der American Saddle Horse-Zucht gelten die Anfang des 18. Jahrhunderts geborenen Hengste „Tom Hale" (Narragansett Pacer) und „Denmark" (Englisches Vollblut). Es werden drei Typen dieses eleganten Reit- und Fahrpferdes unterschieden:

1. *Threegaited Saddle Horse*, geritten in den drei Grundgangarten; Mähne und Schweif sind geschoren.
2. *Fivegaited Saddle Horse*, außer in den Grundgangarten auch im Slow Gait (passartig) und im Rack (Rennpaß) geritten; Mähne und Schweif bleiben intakt.
3. *Fine Harness Horse*, einspännig gefahren.

Andalusier

Herkunft: Andalusien
Größe: 152-163 cm
Farbe: fast immer Schimmel, aber auch Rappen und Braune
Charakter: gutmütig, gelehrig, temperamentvoll
Aussehen: runde Formen, häufig ramsnasig, große Augen, schön aufgesetzter Hals, muskulös, breiter, kompakter Rumpf, schöner, üppiger Behang

Diese Rasse geht auf alte iberische Pferde zurück, die wild auf der Halbinsel lebten. Im Laufe der Jahrhunderte vermischten sie sich mit Pferden germanischer Rassen sowie Berbern und Arabern. So sorgten die Römer und später die Mauren durch ihre mitgebrachten Pferde für die Entstehung dieser Rasse. Durch seine Eleganz und Schönheit war der Andalusier später das bevorzugte Pferd von König und Adel. Die Züchter von Andalusiern genossen besondere Privilegien und 1571 gründete König Philipp II das erste Königliche Gestüt und legte auch das erste Stutbuch an.

Der Andalusier hatte großen Einfluss auf die Entstehung vieler europäischer Pferderassen und gilt auch als Mitbegründer der Lipizzanerzucht.

Anglo Araber

Herkunft: Hauptzuchtgebiete Frankreich und Großbritannien
Größe: 155-165 cm
Farbe: alle Grundfarben, häufig Braune, Füchse und Schimmel
Charakter: gutmütig, intelligent, lebhaft
Aussehen: edler Kopf mit meist geradem Profil, ausgeprägter Widerrist, kurzer Rücken, hoch angesetzter und schön getragener Schweif

Diese Pferderasse entstand in verschiedenen Ländern Europas, vor allem in Frankreich und Großbritannien. Ziel der Zucht war es, durch eine Vereinigung der Eigenschaften des Englischen Vollblutes mit denen des Arabischen Vollblutes ein edles Sportpferd zu züchten. So ist der Anglo Araber größer als der Vollblut Araber, hat aber dessen edle Ausstrahlung. Je nach Zuchtgebiet setzt sich mal das Arabische mal das Englische Vollblut stärker durch. Der Anglo Araber ist ein beliebtes Sportpferd, das in fast allen Disziplinen erfolgreich ist.

Appaloosa

Herkunft: USA
Größe: 145-155 cm
Farbe: immer bunt gescheckt, variantenreiche Muster
Charakter: gutartig, willig, lernfähig
Aussehen: großrahmig, gerades Profil, große Augen, kleine Ohren, kräftige, runde Kruppe, spärlicher Behang

Auch der Ursprung dieser Rasse geht auf die Einfuhr von Pferden durch die spanischen Konquistadoren im 16. Jahrhundert zurück. Die Nez-Percé-Indianer selektierten erbeutete Pferde nach der typischen Zeichnung. So legten sie den Grundstein für die Appaloosa-Zucht. Diese Indianer bewohnten den Nordwesten der heutigen USA und lebten im Tal des Palouse-River. Aus dem Namen des Tals entwickelte sich durch Verballhornung („a palouse horse") der heutige Rassename. Zwar wurden die Nez-Percé von der US-Armee 1877 beinahe ausgelöscht, die Pferderasse jedoch hat sich seitdem zu einer der beliebtesten in den Vereinigten Staaten entwickelt. Sie sind vor allem in der Western-Reiterei sehr beliebt.

Ardenner

Herkunft: Frankreich und Belgien
Größe: 160 cm
Farbe: vorwiegend Rot- und Braunschimmel
Charakter: energisch, fromm, ruhig
Aussehen: großer, ausdrucksvoller Kopf, bisweilen mit gewölbter Nase, kleine Ohren, gebogener Hals, sehr breite Brust, massiger Körper, abschüssige Kruppe, kurze, kräftige Gliedmaßen, kräftiger Behang

Diese Pferderasse stammt aus den französischen und belgischen Ardennen. Sie geht vermutlich auf eine ältere, kleinere Rasse zurück, die schon zu Zeiten der Römer gezüchtet wurde. Während der Kreuzzüge schätzte man die kräftigen Tiere als Kriegspferde. In der Vergangenheit wurde hin und wieder Araberblut eingekreuzt, was dem Ardenner trotz seines deutlichen Kaltblut-Kalibers eine gewisse Anmut verlieh.
Als ideales Arbeitspferd kam der Ardenner in der Vergangenheit vor allem als kräftiges Zugpferd in der Land- und Forstwirtschaft zum Einsatz. Heute dient die Ardennerzucht neben der Erhaltung der Rasse der Fleischproduktion.

Berber

Herkunft: Nordafrika
Größe: selten über 150 cm
Farbe: oft Schimmel, aber auch Braune und Füchse
Charakter: temperamentvoll, zuverlässig, anspruchslos, mutig
Aussehen: gerades oder leicht ramsnasiges Profil, langer Hals, hoher Widerrist, kurzer Rücken, oft abfallende Kruppe mit niedrig angesetztem Schweif

Als eine sehr alte Pferderasse verwendete man den Berber schon früh zur Veredelung anderer Rassen: So beeinflusste der Berber die Entstehung des Andalusiers in Spanien oder des Englischen Vollbluts in England. Zur Verbreitung des Berbers trugen auch die Mittelmeerhäfen an der nordafrikanischen Küste bei, von denen aus die Pferde über Jahrhunderte verschifft wurden.
Es findet sich zwar heute in so gut wie allen nordafrikanischen Landschlägen Berberblut, die Reinzucht aber beschränkt sich vornehmlich auf die Staatsgestüte. Eine Kreuzung von Araber und Berber, der Arabo-Berber, erfreut sich als Sportpferd großer Beliebtheit.

Bosniake

Herkunft: Bosnien
Größe: 130-140 cm
Farbe: vorwiegend Braune und Schimmel, aber auch andere Farben
Charakter: temperamentvoll, willig, intelligent, ausdauernd
Aussehen: edler Kopf, kleine Ohren, kräftiger Rücken, abfallende, abgeschlagene Kruppe, tief angesetzter Schweif, steile Schulter, meist spärlicher Behang

In den Balkanländern zählt diese alte Ponyrasse zu den am weitesten verbreiteten Trag- und Zugtieren. Vor allem unter türkischer Besatzung und in der K.u.K.-Donaumonarchie züchtete man arabisches Blut ein, um sein Äußeres zu veredeln und die Widerristhöhe zu steigern. Heute kann man zwei Zuchtrichtungen unterscheiden: der kleine Bosniake mit einem Stockmaß von ca. 130 cm und der größere Typ mit ungefähr 140 cm.
Seit 1933 versuchen die Züchter beim größeren Typ kräftigere und größere Exemplare herauszuzüchten. Dazu bedarf es einer scharfen Selektion, die durch harte Leistungsprüfungen gewährleistet ist. Verschiedene Hengste, darunter Barut und Ajan, sind inzwischen zu Stammvätern eigener Linien in der Bosniakenzucht geworden.

Camargue Pferd

Herkunft: Camargue/Frankreich
Größe: 135-145 cm
Farbe: fast immer Schimmel, selten Füchse
Charakter: temperamentvoll, gutmütig, genügsam
Aussehen: häufig ramsnasig, kurze Ohren, häufig Hirschhals, kurzer Rumpf, kräftiger Behang, auch Geißbartbildung

Beim Camargue-Pferd könnte es sich um eine sehr alte Pferderasse handeln, die sich im Laufe ihrer Entwicklung mit berberischen und iberischen Pferderassen kreuzte. Sie sind spätreif, das heißt sie sind erst mit 4 Jahren ausgewachsen, werden jedoch relativ alt. Camarguepferde sind bei den einheimischen Rinderhirten wegen ihrer Ausdauer und Härte als Arbeitspferde sehr beliebt. Sie sind nicht sehr schnell, aber in den drei Grundgangarten ausgesprochen ausdauernd. Im Rhônedelta leben die Camargue-Pferde in halbwilden Herden.

Connemara Pony

Herkunft: Provinz Connaught/ Irland
Größe: 130-147 cm
Farbe: ursprünglich viele Falben mit Aalstrich, heute häufig Schimmel, aber auch Rappen und Braune oft mit Aalstrich
Charakter: freundlich, gutmütig, intelligent, umgänglich, vielseitig
Aussehen: edler Kopf, große Augen, langer Hals, kompakter Rumpf, abfallende Kruppe, häufig üppiger Behang

Diese alte irische Ponyrasse lebt halbwild in den Bergen der irischen Westküste. Der Untergang der spanischen Armada im 16. Jahrhundert soll spanische Pferde auf die Insel gebracht haben, die sich mit den Inselponys kreuzten.
Später wurden Araber und in jüngster Zeit auch Englisches Vollblut eingekreuzt. Aus diesen Kreuzungen gingen einige beachtliche Springpferde hervor, die trotz ihrer geringen Größe sehr hohe Hindernisse überwinden konnten. Das Connemara Pony eignet sich aufgrund seiner Gutmütigkeit sehr gut als Kinderreitpony.

Criollo

Herkunft: Südamerika
Größe: 136-152 cm
Farbe: viele Falben mit Aalstrich, alle anderen Farben kommen vor
Charakter: ruhig, zäh, genügsam, ausdauernd
Aussehen: grober Kopf, häufig ramsnasig, kräftiger Hals, abfallende Kruppe, kurze Beine, kurze Fesseln, üppiger Behang

Die Criollos stammen von Pferden ab, die im 16. Jahrhundert mit den Konquistadoren nach Südamerika kamen. Siedler fingen die ausgewilderten Nachkommen dieser Pferde ein und nannten sie Criollos. Seit Ende des 19. Jahrhunderts erfolgten mehrere Veredelungsversuche mit dem Englischen Vollblut.
Etwa seit Anfang des 20. Jahrhunderts gibt es eine strenge Reinzucht, die auf die wichtigsten Eigenschaften, nämlich Ausdauer und Widerstandskraft, abzielt. In Argentinien finden jedes Jahr Leistungsprüfungen statt, bei denen die Criollos eine Strecke von 750 Kilometern mit 110 Kilogramm Gewicht zurücklegen und nur Futter und Wasser am Wegesrand zu sich nehmen dürfen.

Dartmoor Pony

Herkunft: Devon/England
Größe: bis 127 cm
Farbe: hauptsächlich Braune, Rappen und Dunkelbraune, Schecken werden vom Zuchtverband nicht anerkannt
Charakter: hart, ausdauernd, freundlich, sensibel
Aussehen: kleiner, edler Kopf, kurze Ohren, abfallende Kruppe mit niedrigem Schweifansatz, üppiges Mähnen- und Schweifhaar, erinnert in seinem Äußeren an einen kleinen Englischen Vollblüter

Seit Jahrtausenden leben Ponys in der Gegend von Dartmoor, aber erst gegen Ende des 19. Jahrhunderts begann man, sie zu registrieren.
Der wachsende Bedarf der Kohlenbergwerke an kleinen Grubenponys sorgte für eine verstärkte Einkreuzung von Shetland Ponys und auch kleiner Englischer Vollblüter, was sich auch im heutigen Erscheinungsbild dieser Ponys unschwer erkennen lässt. Ihre sehr gute Trittsicherheit und überraschende Sprungkraft machen sie zu beliebten Reitponys.

Dülmener Pony

Herkunft: Merfelder Bruch bei Dülmen/Nordrhein-Westfalen
Größe: bis 130 cm
Farbe: Mausfalben mit Aalstrich und Zebrastreifen an den Beinen und Dunkelbraune mit Mehlmaul
Charakter: temperamentvoll, gelehrig, genügsam
Aussehen: edler Kopf mit spitzen, kurzen Ohren, abschüssige Kruppe mit tief angesetztem Schweif. Der Aalstrich, die Zebrastreifen und das Mehlmaul sind Kennzeichen der Nähe zum Urpferdetyp.

Die „Wildpferde" des Merfelder Bruchs sind die älteste in freier Wildbahn lebende Ponyrasse in Deutschland.
Im Jahre 1316 werden die Dülmener Wildpferde zum ersten Mal in einer Urkunde erwähnt. Die heutige Herde besteht aus etwa 200 Tieren, die in einem ungefähr 250 Hektar großen Gebiet leben. Es handelt sich dabei jedoch nicht um echte Wildpferde, da seit Jahrhunderten Hengste anderer Rassen eingekreuzt werden.
Jedes Jahr am letzten Samstag im Mai werden die einjährigen Hengste herausgefangen und versteigert. Dieses Volksfest zählt zu den Attraktionen für Pferdefreunde.

Englisches Vollblut

Herkunft: England
Größe: 145-176 cm, in der Regel um 163 cm
Farbe: Vor allem Braune und Dunkelbraune, aber auch Rappen, Füchse und Schimmel
Charakter: leistungsbereit, intelligent, temperamentvoll, mutig
Aussehen: kleiner, edler Kopf, große Augen, langer Hals, muskulöses, trockenes Gebäude, häufig hoher Widerrist, meist spärlicher Behang

Anfang des 18. Jahrhunderts wurden die späteren Rassebegründer „Byerley Turk" (die turkmenische Linie), „Darley Arabian" (die arabische Linie) und „Godolphin Barb" (die berberische Linie) mit renngeprüften Landstuten gekreuzt. Auch heute noch finden sich diese Namen in der Abstammung nahezu sämtlicher Englischer Vollblüter.

Die offizielle Zucht des Englischen Vollbluts begann 1793 mit dem sogenannten „General Stud Book", dem Allgemeinen Stutbuch. Seither züchtet man den Englischen Vollblüter in Reinzucht vor allem in England, Frankreich und den USA. Noch heute findet die Zuchtauswahl über Rennprüfungen statt. In aller Welt bestreiten Englische Vollblüter Flach- und Hindernisrennen.

Falabella Pony

Herkunft: Argentinien
Größe: bis 72 cm
Farbe: alle Farben
Charakter: intelligent, freundlich
Aussehen: ähnlich dem Shetland Pony, nur deutlich leichter gebaut und weit weniger kräftig

Das kleinste Pferd der Welt geht auf eine kaum 100 Jahre zurückliegende Züchtung der Familie Falabella auf ihrer Ranch Recreo de Roca in der Nähe von Buenos Aires zurück. Begründet wurde diese Züchtung von einem besonders kleinen Vollbluthengst und einer Shetland Ponystute. Weitere Kreuzungen mit den kleinsten Shetland Ponys sowie Inzucht führten zum heutigen Erscheinungsbild. Da die Falabellas weitgehend die Stärke der Shetland Ponys eingebüßt haben, sind sie heute in Nordamerika vor allem als Haustiere verbreitet.

Fjordpferd

Herkunft: Norwegen
Größe: 133-145 cm
Farbe: Falben mit Aalstrich und häufig gestreiften Vorderbeinen
Charakter: eigenwillig, arbeitswillig, gutmütig
Aussehen: Rechteckpferde, kantiger und großer Kopf mit breiter Stirn, große ausdrucksvolle Augen, niedriger Widerrist, Stehmähne, bei der das dunkle Innenhaar länger bleibt als das helle Außenhaar.

Das zähe und kälteunempfindliche Fjordpferd hat seine charakteristischen Merkmale über die letzten Jahrhunderte bewahrt. Selbst gelegentliche Einkreuzungen etwa von Arabern und Englischem Vollblut hinterließen so gut wie keine Spuren. Inzwischen finden keine Einkreuzungen mehr statt, die Rasse wird in Reinzucht gehalten. Der Aalstrich und die gestreiften Beine sind typische Kennzeichen einer Primitivrasse, sie sehen daher den Wildpferderassen, wie etwa dem Przewalski-Pferd, noch sehr ähnlich. Hauptzuchtländer sind Norwegen, Dänemark und Deutschland.

Freiberger

Herkunft: Schweizer Jura
Größe: 150-160 cm
Farbe: hauptsächlich Braune und Füchse, aber auch manchmal Schimmel
Charakter: ausgeglichen, willig, lebhaft, gutartig, genügsam, gelehrig
Aussehen: trockener Kopf, auffallend große Augen, mittellanger Hals, kräftiger Rücken, kurze Extremitäten

Entstanden ist diese einzige schweizerische Pferderasse Ende des 19. Jahrhunderts aus kleineren Landstuten, die mit kompakten englischen und französischen Warmbluthengsten angepaart wurden. Durch die verstärkte Nachfrage nach Reit- und Fahrpferden wurden in der letzten Zeit vorsichtige Einkreuzungen von französischem und schwedischem Warmblut vorgenommen.

Durch seinen sehr ausgeglichenen Charakter eignet sich der Freiberger hervorragend für die Hippo-Therapie und das Voltigieren. Sein einwandfreier Charakter zählt zu den wichtigen Merkmalen in der Zuchtselektion.

Friese

Herkunft: Friesland/Niederlande
Größe: 150-165 cm
Farbe: nur Rappen
Charakter: gutmütig, fleißig, arbeitswillig
Aussehen: hoch getragener, mittelgroßer Kopf, kleine Ohren, große Augen, kräftiger Hals, kräftiger, gewellter Behang, kurzer Rücken, abfallende Kruppe mit tiefem Schweifansatz, kräftiger Kötenbehang

Der Friese zählt zu den ältesten Pferderassen Europas und geht wohl auf seinen Vorläufer, das „Inländische Pferd" zurück. Verschiedene Einkreuzungen von orientalischen Hengsten veredelten diese Kaltblutrasse. Die Züchter versuchten, leichtere und schnellere Friesen zu züchten. Der daraus entstandene, „neue" Typus eignete sich allerdings nur noch beschränkt für den Einsatz in der Landwirtschaft, weshalb die Nachfrage Anfang des Jahrhunderts rückläufig war. Das hätte beinahe zum Aussterben der Friesenrasse geführt. Einige niederländische Bauern gründeten jedoch 1913 einen Zuchtverband und bauten mit Hilfe von Oldenburger Hengsten die Zucht wieder auf. Durch sein stattliches Erscheinungsbild ist er heute ein beliebtes Reit- und Wagenpferd.

Gotland Pony

Herkunft: Insel Gotland/Schweden
Größe: 115-130 cm
Farbe: Braune, Falben und Isabellen, seltener Füchse und Rappen
Charakter: temperamentvoll, genügsam, energisch
Aussehen: langer Kopf, kleine Ohren, große Augen, abfallende Kruppe, tiefangesetzter Schweif, kräftiger Behang

Beim Gotland Pony handelt es sich wahrscheinlich um die älteste skandinavische Pferderasse. Die Einheimischen nennen es auch „russ" (kleines Pferd) oder „skogsruss" (Waldpferdchen).

Mitte des vorigen Jahrhunderts war der Bestand stark zurückgegangen, allerdings gibt es seit Anfang des Jahrhunderts Bemühungen, die Rasse zu fördern und zu erhalten. Trotz einiger Einkreuzungen von Welsh Ponys und Orientalen blieb die Rasse relativ rein; ein Stutbuch gibt es jedoch erst seit 1943. Heute noch leben auf der schwedischen Insel Ponys halbwild. Hauptzuchtgebiete des beliebten Kinderreitponys sind inzwischen das schwedische Festland, die USA und Deutschland.

Haflinger

Herkunft: Tirol und Bayern
Größe: 135-145 cm
Farbe: immer Füchse mit flachsweißer Mähne und Schweif
Charakter: gutmütig, eigenwillig, vielseitig
Exterieur: breiter Rücken, gut bemuskelt, breite Brust, mittelgroßer Kopf, kurz gefesselt

Diese kräftige Pferderasse ist ein typisches Arbeitspferd der Berge. In der Regel verbringen diese spätreifen Tiere ihre ersten vier Lebensjahre auf den Almen und werden erst dann angeritten oder zur Arbeit eingesetzt. Wie andere spätreifen Pferderassen können Haflinger ein beachtliches Alter von bis zu 40 Jahren erreichen. Der Name geht auf das Dorf Hafling in den Etschtaler Alpen zurück. Sie sind sehr genügsam.

Hannoveraner

Herkunft: Niedersachsen
Größe: 160-175 cm
Farbe: Füchse vorherrschend, Braune in allen Schattierungen, aber auch Rappen und Schimmel
Charakter: meist von ruhigerem Temperament, lernfähig und vielseitig
Aussehen: mittelgroßer Kopf, großrahmig, hoch angesetzter und getragener Schweif, starker Rumpf, tiefe Brust

Die seit dem 18. Jahrhundert bestehende Hannoveranerzüchtung geht auf Holsteiner und Mecklenburger Blutlinien zurück, d. h. hauptsächlich aus diesen Rassen entstand die Rasse Hannoveraner. Bereits 1735 gründete Georg II von England und Hannover in Celle ein Landgestüt mit Holsteiner Hengsten. Das Landgestüt gilt auch heute noch als das Zentrum der Hannoveranerzucht. Durch die Einzucht von Englischen Vollbluthengsten erfuhr der Hannoveraner im 19. Jahrhundert einen Aufschwung.
Heute zählt der Hannoveraner zu den erfolgreichsten Turnierpferderassen und ist europaweit als Reitpferd am häufigsten vertreten.

Island Pony

Herkunft: Island
Größe: 122-140 cm
Farbe: überwiegend Rappen, Dunkelbraune, auch andere Farben
Charakter: sehr gutes Orientierungsvermögen, zäh, hart, widerstandsfähig, genügsam
Exterieur: kurzer Hals, untersetzter Körperbau, kräftiger Behang, tief angesetzter Schweif

Diese Pferderasse stammt vermutlich von im 10. Jahrhundert von ersten Einwanderern nach Island gebrachten Pferden (irische, schottische und norwegische Ponys) ab. Seit etwa 800 Jahren werden die Island Ponys in Reinzucht gehalten, das bedeutet, dass keine fremden Rassen eingekreuzt werden. Island Ponys sind so genannte Fünfgänger, das heißt, sie beherrschen außer Schritt, Trab und Galopp auch die Gangarten Pass und Tölt.
Aufgrund mangelnder Weideflächen werden die Island Ponys in ihrer Heimat auch mit Algen zugefüttert.

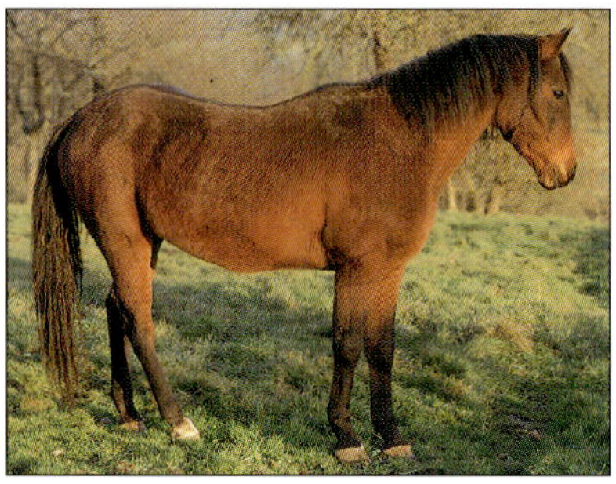

Kabardiner

Herkunft: Kaukasus
Größe: 145-155 cm
Farbe: meist Braune, aber auch Füchse, Rappen und Schimmel
Charakter: ausdauernd, ruhig, intelligent, eigenwillig
Aussehen: trockener Kopf mit geradem Profil, große, spitze Ohren, kräftiger Körper, oft welliger Behang

Diese Rasse geht zurück auf die alten Pferderassen der Tscherkessen, die wiederum von persischen und arabischen Vorfahren abstammen. Die spätere Form ist ein Ergebnis der Kreuzung von Perser, Karabagh und Arabischem Vollblut mit den östlichen Steppenpferderassen.
Wie auch andere Bergpferderassen zeichnet sich der Kabardiner durch seine Trittsicherheit und seine Furchtlosigkeit aus. In diesem Jahrhundert entstand durch die Einkreuzung von Englischem Vollblut der Anglo-Kabardiner, ein auch für den Sport gut geeignetes, vielseitiges Reitpferd.

Knabstrupper

Herkunft: Dänemark
Größe: um 160 cm
Farbe: Tigerschecken
Charakter: gelehrig, eigenwillig, ruhiges Temperament
Aussehen: kräftiger, gedrungener Körperbau, oft ramsköpfig, häufig Fischaugen, oft spärlicher Behang, sehr verschiedene Ausformungen

Ahnherr dieser Rasse war ein Frederiksborger Hengst, der mit einer stichelhaarigen Fuchsstute gepaart wurde. Es entstand die typische Tigerscheckung des Knabstruppers, der dann im dänischen Gestüt Knabstrup weitergezüchtet wurde; beeinflusst wurde die Zucht durch die Alte Spanische Pferderasse. In unserem Jahrhundert ging der Bestand stark zurück, inzwischen wurde jedoch ein eigener Zuchtverband gegründet, der sich um die Rettung des Knabstruppers bemüht. Heute ist der Knabstrupper ein beliebtes und vielseitiges Freizeitpferd.

Lipizzaner

Herkunft: Lipizza (Slowenien)
Größe: 153-163 cm
Farbe: fast immer Schimmel
Charakter: gutmütig, intelligent, lernwillig
Aussehen: häufig ramsnasig, breite Brust, gedrungener Körperbau, wenig ausgeprägter Widerrist, muskulös, feiner und dichter Behang

Im Jahre 1580 gründete Erzherzog Karl II. in Lipizza ein österreichisches Hofgestüt mit der Aufgabe, genügend große Pferde für die herzoglichen Ställe in Wien und Graz zu züchten. Die Schimmelfarbe geht auf die Vorliebe des Adels und der Könige zurück, die zur Begründung dieser Rasse überwiegend „weiße Rassen" wie Araber, Berber und Andalusier einsetzten. Die berühmtesten Lipizzaner sind die Hengste der bekannten Wiener Hofreitschule, die 1572 „zur Ausbildung des Adels in der Reitkunst" begründet wurde. Dort werden noch heute die „Lectionen" der „Hohen Schule" unterrichtet.
Als Vertreter einer spätreifen Rasse sind Lipizzaner erst mit sieben Jahren ausgewachsen, werden aber auch bis zu 30 Jahre alt.

Lusitano

Herkunft: Portugal
Größe: 155-160 cm
Farbe: meist Schimmel und Braune
Charakter: robust, anspruchslos, gelehrig, gehorsam, sehr mutig
Aussehen: mittelgroßer Kopf, kräftiger Hals auf gut ausgebildeten Schultern, oft gewellter Behang, schwacher Widerrist, runde Kruppe, trockene Beine

Der Lusitano entstand aus der gleichen iberischen Grundlinie wie der Andalusier. Einen gewissen Einfluss auf die Entwicklung der Rasse hatten auch nordische Pferde, die zur Zeit der Völkerwanderung auf die iberische Halbinsel gelangten. Später wurden auch Berber und Araber eingekreuzt.
Durch die Einkreuzung von Englischem Vollblut versucht man heute, eine Sportpferderasse herauszubilden. Außerdem wird der Lusitano beim Stierkampf in Portugal eingesetzt. Ausgebildet in der strengen „Hohen Schule", müssen die Pferde große Wendigkeit und viel Mut beweisen, denn die portugiesischen Stierkämpfer attackieren den Stier nur vom Pferd aus.

Mérens

Herkunft: französische Pyrenäen
Größe: etwa 148 cm
Farbe: nur Rappen, selten Abzeichen
Charakter: ausdauernd, nervenstark, robust, gutwillig
Aussehen: großer, kantiger Kopf, kräftiger Behang, auch der Köten, kompakter, quadratischer Körperbau, breite Brust, runde, gespaltene Kruppe

Diese möglicherweise schon Jahrtausende alte Rasse hat sich dem Leben in den Bergen hervorragend angepasst. Noch heute verbringen halbwilde Herden fünf bis sechs Monate im Jahr in völliger Freiheit in bis zu 2500 Metern Höhe. Diese Art der Haltung fördert die natürliche Auslese und bringt den robusten Pferdetyp hervor, der mit seiner Trittsicherheit, Ausdauer und Wendigkeit sowohl als Reit- als auch als Arbeitspferd beliebt ist.

Morgan Horse

Herkunft: USA
Größe: 150-160 cm
Farbe: vorwiegend Füchse und Braune
Charakter: genügsam, gelehrig, willig, lebhaft, ausdauernd
Aussehen: kurzer, breiter Kopf, relativ kleine Ohren, kurzer, muskulöser Hals, kräftiger Körper mit breiter Brust und starker Kruppe, üppiger Behang

Diese Pferde zählen zu einer der ältesten Zuchtrassen auf dem amerikanischen Kontinent. Sie geht wahrscheinlich auf einen einzigen Stammvater zurück, auf den Ende des 18. Jahrhunderts geborenen Justin Morgan. Dabei handelte es sich mit großer Wahrscheinlichkeit um einen reinrassigen Welsh Cob.
Seit fast 200 Jahren wird diese Pferderasse in den USA typtreu gezüchtet, wobei der moderne Morgantyp deutlich größer und edler ist als der ursprüngliche Typ. Als vielseitig einsetzbares Fahr- und Reitpferd erfreut sich das Morgan Horse bei vielen Reitern und Pferdefreunden in den Vereinigten Staaten von Amerika großer Beliebtheit.

Mustang

Herkunft: USA
Größe: ca. 145-150 cm
Farbe: alle Farben, häufig Schecken
Charakter: zäh, genügsam, halbwild
Aussehen: oft großer, unedler Kopf, lange Ohren, trockenes Gebäude, mäßiger Behang

Seit etwa 500 Jahren bevölkern die Mustangs den nordamerikanischen Kontinent. Sie sind die Nachkommen entlaufener Reitpferde der spanischen Konquistadoren und entwickelten sich entsprechend der harten Lebensbedingungen ihrer Umgebung. Jahrelang wurden sie brutal gejagt und zu Hundefutter verarbeitet. Inzwischen hat die amerikanische Regierung Reservate eingerichtet, so dass der Bestand nicht mehr vom Aussterben bedroht ist.

Aufgrund ihrer jahrhundertelangen wilden Lebensweise eignen sich die Mustangs kaum zur Verwendung als Reitpferde. Nur vereinzelt kommen sie beispielsweise bei Rodeos zum Einsatz.

New Forest Pony

Herkunft: Hampshire/England
Größe: 130-140 cm
Farbe: Braune, Rappen, Füchse, Schimmel, keine Schecken
Charakter: intelligent, ruhiges Temperament, mutig, leistungsfähig, willig
Aussehen: häufig edler Kopf, kurzer Hals, abfallende Kruppe, gedrungener Körperbau; ähnelt im Typ einem kleinen Warmblüter

Diese Rasse ist sehr eng mit den anderen Heide- und Moorponyrassen in England verwandt. Dabei ist das New Forest Pony die britische Ponyrasse mit den meisten Einkreuzungen fremder Rassen, darunter Araber, Englisches Vollblut und Hackney Pony.

In Deutschland unterscheidet man den kleineren Typ, der sich aufgrund seines braven Charakters sehr gut als Kinderreitpony eignet, und die größere Kategorie, bei der es sich um ein elegantes Sportpony mit viel Dressur- und Springveranlagung handelt.

Orlow Traber

Herkunft: Russland
Größe: um 160 cm
Farbe: vorwiegend Braune, Schimmel und Füchse
Charakter: ausdauernd, anpassungsfähig, fleißig
Aussehen: relativ kleiner, trockener Kopf, spitze Ohren, langer Hals, steile Schultern, niedriger Widerrist, abfallende Kruppe, niedriger Schweifansatz, langer Behang

Diese Rasse ging aus verschiedenen Züchtungen des russischen Grafen Alexej Grigoriewitsch Orlow Tschesmenskoj hervor. Er paarte Ende des 18. Jahrhunderts seinen Araberhengst Smetanka mit einer dänischen Stute. Das Ergebnis, den Hengst Polkan, paarte er wiederum mit einer holländischen Stute. Aus dieser Paarung ging 1784 Bars I., der Begründer der Orlow-Linie, hervor. Inzwischen fanden unter anderem Einkreuzungen von Arabischen Vollblütern, Mecklenburgern und Norfolk Trottern statt. Lange Zeit bezeichnete man den Orlow Traber auch als Russischen Traber.

Die sehr weite Verbreitung von Trabern in Russland lässt sich wohl damit erklären, dass sich diese ausdauernden Fahrpferde hervorragend für weite Entfernungen eignen.

Paint

Herkunft: USA
Größe: 150-155 cm
Farbe: typische weiße Abzeichen an Beinen, Kopf und Körper
Charakter: intelligent, gelehrig, lebhaft, angenehm
Aussehen: nur die Färbung unterscheidet den Paint vom Quarter Horse; kurzer Kopf, kluge Augen, kurzer starker Rücken, und eine muskulöse Hinterhand, mäßiger Behang

Eigentlich handelt es sich beim Paint um keine eigenständige Rasse. Züchter und Pferdefreunden fassen unter der Bezeichnung Paint verschiedene Farbvarianten der Quarterhorses zusammen.
Zwei Typen sind zu unterscheiden: zum einen der Typ „tobiano" mit vier weißen Beinen und nur spärlichen Zeichnungen am Körper sowie zum anderen der Typ overo" mit einer breiten Blesse oder sogar ganz weißem Kopf und blauen Augen; die Körperzeichnung überschreitet die Oberlinie des Pferdes nicht. Allerdings ist die Varianz der Zeichnungen oft so vielfältig, dass selbst Fachleute bei der Beurteilung ins Zweifeln geraten können.

Paso Fino

Herkunft: Peru, Puerto Rico, Kolumbien, Venezuela
Größe: 140-150 cm
Farbe: Hellbraune, Braune, Rappen, seltener Füchse
Charakter: willig, energisch, intelligent, lebhaft
Aussehen: edler Körperbau, trockener Kopf, große Augen, kurze Ohren, kräftiger Hals, steile Schultern, kurzer Rücken, runde Kruppe, häufig gewellter Behang

Diese Pferderasse besitzt drei angeborene, so genannte laterale Gangarten im Viertakt: Der Paso Fino, als langsame, versammelte Gangart mit hoher Aktion, der Paso Corto, ein leichter, mittelschneller Gang und der Paso Largo, eine schnelle Gangart, die sich auch für längere Strecken eignet. Auch heute noch schätzen Reiter die angenehme Eigenschaft des Paso, der für den Reiter wenig Erschütterung mit sich bringt.
Die Urväter des Paso Fino stammten aus Spanien und gelangten schon im 16. Jahrhundert nach Südamerika. Neben zahlreichen südamerikanischen Linien wird der Paso inzwischen auch in den USA und Europa gezüchtet.

Percheron

Herkunft: Perche/ Frankreich
Größe: 160-173 cm
Farbe: Rappen, Schimmel, Dunkelschimmel
Charakter: gutmütig, intelligent, ausgesprochen energisch, ausdauernd
Aussehen: edler Kopf mit geradem Profil, lebhafte Augen, kurzer Hals, gedrungener Rumpf, starke Kruppe, meist schwacher Behang

Einige Vorfahren des Percheron sind orientalischer Herkunft, das lässt diese edle Rasse auch heute noch erkennen. Nicht umsonst spricht man häufig von einem „großen Araber", denn trotz seines mächtigen Kalibers zeigt der Percheron in seinen Bewegungen durchaus eine Eleganz, die so gar nicht zu einem einfachen Landschlag passen will. Das ist allerdings auch vom Typ des jeweiligen Pferdes abhängig, denn man kennt Formen des leichten Percheron bis hin zur schweren Form; letztere können das beachtliche Gewicht von mehr als 900 Kilogramm erreichen. Der technische Fortschritt brachte es im 19. Jahrhundert mit sich, dass diese als Zugpferde eingesetzte Rasse zu dem Typ „Riesenpferd" umgezüchtet wurde, der inzwischen hauptsächlich als Schlachtpferd Verwendung findet.

Pinto

Herkunft: USA
Größe: 145-165 cm
Farbe: vielfältige Scheckenmuster

Diese bunten Pferde gehen zum einen auf gescheckte Pferderassen, wie zum Beispiel Appaloosa oder Paint, zurück, zum anderen auf gescheckte Vertreter anderer Rassen, die keine Aufnahme ins Zuchtregister fanden. Das führte zur Einrichtung eines eigenen Zuchtregisters. Der Pinto ist vor allem bei Westernreitern beliebt sowie bei allen Freunden buntgescheckter Pferde.

Przewalski

Herkunft: Mongolei
Größe: 122-144 cm
Farbe: sandfarben mit typischen Aufhellungen an Maul und Bauch
Charakter: ein wildes, ausdauerndes Pferd
Aussehen: großer, schwerer Kopf, kurzer Hals, oft abfallende Kruppe, auffallend aufrecht stehender Mähnenkamm

1878 entdeckte der russische General N.M. Przewalski in der Mongolei eine Wildpferderasse, die seitdem seinen Namen trägt. Diese kleinwüchsigen Steppenbewohner bevölkerten einst viele Teile Asiens und wurden vielerorts schon vor Tausenden von Jahren domestiziert. Aus dieser ursprünglich wild lebenden Rasse entwickelten sich auf diese Weise zahlreiche Hauspferderassen, die je nach Bedarf als Zug-, Fahr- oder Reitpferde eingesetzt werden. Das Przewalski Pferd gilt auch als Vorfahre der stolzen Araber und vieler anderer heutiger Pferderassen.
Der Erhalt dieser Wildpferderasse war lange Zeit stark gefährdet. Nur dem Engagement einiger europäischer Tiergärten ist es zu verdanken, dass sie überlebte. Inzwischen ist es gelungen, Przewalskiherden in verschiedenen Naturreservaten Europas und Asiens wieder auszuwildern.

Quarterhorse

Herkunft: USA
Größe: 150-155 cm
Farbe: viele Füchse, aber auch andere Farben; gescheckte Quarters werden als Paints bezeichnet
Charakter: eifrig, lernfähig, ausgeglichenes Temperament, zuverlässig, lebhaft
Aussehen: kurzer Kopf mit breiter Stirn und großen Augen, tief angesetzter Hals, stark bemuskelt, breite, tiefe Brust, oft sehr kleine Hufe

Das Quarterhorse ist eine der ältesten amerikanischen Pferderassen. Sie entstand aus den von den Spaniern in die Neue Welt mitgebrachten Arabern, Türken und Berbern. Im Laufe der Jahrhunderte erfolgten Einkreuzungen von Englischem Vollblut.
Seinen Namen erhielt es als erfolgreichste Pferderasse bei den damals üblichen Viertelmeilenrennen (Quartermile). Mit den Siedlern eroberte sich das Quarterhorse den Wilden Westen. Heute noch gilt es als das typische Cowboy-Pferd, das mit seinen besonderen Fähigkeiten für die Arbeit beim Herdentreiben gut geeignet ist. Bei uns findet es heute im Westernreitsport Verbreitung. Mit mehr als 800 000 eingetragenen Pferden ist die Zuchtvereinigung der Quarterhorses der größte Verband der Welt.

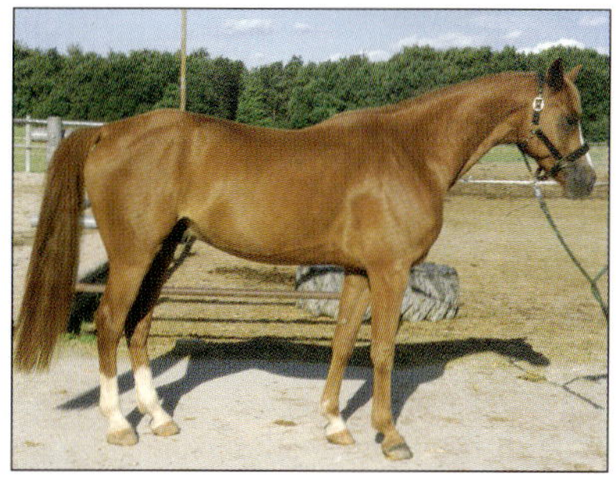

Schwarzwälder Fuchs

Herkunft: Schwarzwald/Deutschland
Größe: 150-155 cm
Farbe: ausschließlich dunkle Füchse mit hellem Behang
Charakter: anspruchslos, ausgeglichen, gutmütig
Aussehen: leichter Kaltbluttyp, großer Kopf, kurzer Hals, gedrungener Körper, abfallende Kruppe, Kötenbehang

Die Heimat dieses nahen Verwandten des etwas größeren Süddeutschen Kaltbluts ist der südliche Hochschwarzwald mit dem Hauptzuchtort St. Märgen. Es handelt sich beim Schwarzwälder Kaltblut um eine traditionsreiche, bäuerliche Pferderasse, die vornehmlich für die Arbeit in der Land- und Forstwirtschaft gezüchtet wird.
Als Kaltblut leichteren Typs ist der Schwarzwälder auch als Freizeitpferd immer gefragter.

Selle Français

Herkunft: Frankreich
Größe: 160-175 cm
Farbe: vor allem Füchse und Braune
Charakter: gutmütig, ruhig, mutig
Aussehen: mittelgroßer Kopf mit langen Ohren, kräftiger, langer Hals, breiter Widerrist, lange, schräge Schultern, breite, muskulöse Kruppe

Seit 1958 fasst man alle französischen Halbblutrassen unter der Bezeichnung Cheval de Selle Français, kurz Selle Français, zusammen.
Die Ahnenlinie geht zurück auf die alte normannische Pferderasse, die Wilhelm der Eroberer als Kriegspferd nach England mitgenommen haben soll. Vermutlich handelte es sich dabei um einen Urahn der schweren britischen Zugpferderasse, das berühmte Große Pferd.
Die Wirren der napoleonischen Kriege führten beinahe zur Ausrottung der alten Race Normande. Mitte des 19. Jahrhunderts wurde damit begonnen, die Rasse durch Einzucht von Englischem Vollblut wieder zu stabilisieren. Inzwischen hat die weitere Einzüchtung von Englischem Vollblut einen Reitpferdetyp hervorgebracht, der sich vor allem für das Springreiten eignet.

Shagya Araber

Herkunft: Ungarn
Größe: 155-163 cm
Farbe: überwiegend Schimmel, aber auch andere Farben
Charakter: intelligent, ausdauernd, vielseitig, temperamentvoll
Aussehen: dem Araber im Typ sehr ähnlich, jedoch deutlich größer und eher im Reitpferdetyp

Der Name dieser Araberrasse geht auf den berühmten Hengst Shagya zurück, den der Gestütskommandant von Babolna 1836 aus Syrien importierte. Die Rasse entstand durch die Einkreuzung weiterer arabischer Vollbluthengste in einheimische Pferderassen. Durch den vereinzelten Einsatz von Warmbluthengsten sollte mehr Größe und Kaliber erreicht werden. Das Zuchtziel war ein leistungsfähiges und edles Kriegs- und Paradepferd. Heute ist der Shagya Araber ein beliebtes und vielseitiges Sportpferd.

Shetland Pony

Herkunft: Shetland- und Orkney-Inseln
Größe: 80-104 cm
Farbe: alle Farben
Charakter: mutig, eigensinnig, genügsam
Aussehen: oft großer, edler Kopf mit kleinen, spitzen Ohren, große Augen, kurzer Hals, kräftiger, breiter Rücken, kräftiges Mähnen- und Schweifhaar, abschüssige Kruppe mit tief angesetztem Schweif

Schon die Wikinger nutzten diese kleine, überaus kräftige Pferderasse. Sie gelten im Verhältnis zu ihrer Körpergröße als die stärksten Pferde überhaupt, denn ein Shetland Pony kann sein doppeltes Eigengewicht ziehen; das ist zwei Mal so viel wie die meisten Kaltblüter.

Seit Jahrhunderten setzte man Shetland Ponys bei den verschiedensten Arbeiten ein, ob als Grubenponys im Bergbau oder als Last- und Zugtiere.

Die harten Lebensbedingungen auf den rauen Inseln sind wohl für die geringe Körpergröße verantwortlich, denn archäologische Funde beweisen, dass ihre Vorfahren deutlich größer waren. Obwohl sie nicht zu den umgänglichsten Reitpferden zählen, eignen sie sich auch für kleinere Kinder aufgrund ihrer Größe gut als Erstpony .

Shire Horse

Herkunft: Mittelengland (shires)
Größe: bis über 185 cm
Farbe: Braune und Dunkelbraune, selten Rappen, viele weiße Abzeichen
Charakter: gutmutig, fleißig, ruhig, ausdauernd, willig
Aussehen: mittelgroßer Ramskopf, kleine Ohren, langer Hals, abfallende Kruppe, für ein Kaltblut auffallend hochbeinig, langer, seidiger Behang, kräftiger Kötenbehang

Das größte Pferd der Welt kann bis zu einer Tonne schwer und über 185 cm groß werden, das heißt, sein Kopf erreicht eine Höhe von 250 cm! Schon im Mittelalter kannte man diese gewaltige Pferderasse unter dem Namen „Großes Pferd", später als „Alter Englischer Rappe". Bei den mächtigen Schlachtrössern der Ritter mit ihren sehr schweren Eisenrüstungen handelte es sich schon um Vorfahren des Shire Horse.

Als klassisches Ritterpferd war es wegen seines Kalibers in Verbindung mit seiner großen Wendigkeit sehr beliebt. Später wurden diese kräftigen Pferde vor allem in der Landwirtschaft und im Transportwesen eingesetzt. Heute sieht man Shire Horses vorwiegend anläßlich von Pferdeschauen, obwohl sie sich als Reitpferde ausgesprochen gut eignen.

Tinker

Herkunft: Irland
Größe: 140-150 cm
Farbe: meist gescheckt
Charakter: gutmütig, zäh, freundlich
Aussehen: gedrungener Körperbau, oft derber Kopf, häufig ramsnasig, kräftiger Behang, vor allem starker Kötenbehang

Ihren Namen erhielt diese Ponyrasse von der irischen Bezeichnung für Kesselflicker, „tinker". In England und Irland bezeichnet man diese Pferde jedoch als „Gypsies" oder „Irish Coloured Cob". Eigentlich handelt es sich um keine einheitliche Rasse, sondern um eine „Sammelrasse". Weil gescheckte Tiere beim Adel nicht beliebt waren, konnten die Zigeuner diese Pferde preiswert erwerben und so nach und nach ihre eigene Zucht aufbauen. Die Selektion erfolgte nach der bunten Scheckung. Als Pferde des fahrenden Volks mussten sich die Tinker häufig mit dem begnügen, was sich am Wegesrand zum Fressen fand. Dies machte sie ausgesprochen hart und genügsam. Als Freizeitpferd erfreut sich der Tinker hierzulande zunehmender Beliebtheit.

Trakehner

Herkunft: Ostpreußen
Größe: 160-175 cm
Farbe: alle Farben außer Schecke
Charakter: zäh, hart, genügsam, lebhaft, nicht immer ganz einfach
Aussehen: trockenes, athletisches Gebäude, feiner, edler Kopf, langer Hals, schlanke, harte Beine

1732 gründete Friedrich Wilhelm I., der preußische Soldatenkönig, im ostpreußischen Trakehnen mit 1100 Pferden verschiedenster Rassen ein Gestüt. Ab 1786 begannen die Züchter mit der Einkreuzung von zunächst Arabischem und später Englischem Vollblut, woraus die heutige Rasse hervorging.
Bis 1945 benutzte vor allem die deutsche Armee vorwiegend Trakehner. Nach dem Zweiten Weltkrieg konnten nur wenige hundert Pferde in den Westen gebracht werden. Die westdeutsche Trakehnerzucht entstand in der Folgezeit in mühsamer Aufbauarbeit. Als edelste deutsche Warmblutrasse erlangte der Trakehner nicht nur als Sportpferd, sondern auch als Veredler in der Warmblutzucht Bedeutung.

Vollblut Araber

Herkunft: Ägypten, Jemen, Saudi-Arabien, Bahrein
Größe: 148-158 cm
Farbe: häufig Schimmel, aber auch andere Farben
Charakter: intelligent, temperamentvoll, lebhaft, genügsam
Aussehen: kurzer, edler Kopf, häufig mit „Araberknick", große Augen, kleine sichelförmige Ohren, meist quadratischer Körperbau, feingliedrig, hochgetragener Schweif, meist spärlicher Behang

Diese edle Rasse geht zurück auf Züchtungen des alten Babylonien und Ägypten, die von den Beduinen zum heutigen Erscheinungsbild weitergezüchtet wurden. Dabei verfolgten die Wüstennomaden eine strenge Selektion, die vor allem auf Ausdauer, Härte und Schönheit abzielte. In seiner Heimat wird der Araber noch heute nach diesen Richtlinien gezüchtet. Entstanden ist dabei eine Pferderasse, die an Schönheit und Ausdauer kaum zu übertreffen ist.
Inzwischen gibt es eigene europäische Zuchtlinien, die in Aussehen und Eigenschaften variieren, zum Beispiel den Russischen Araber, den Spanischen Araber oder den Polnischen Araber. Der Araber ist hierzulande – vor allem im Distanzsport – ein beliebtes Freizeitpferd.

Welsh Pony

Herkunft: Wales
Größe: 122-142 cm
Farbe: alle Farben außer Schecken, vor allem Schimmel, Braune und Füchse
Charakter: lebhaft, ausdauernd, mutig, intelligent, genügsam
Aussehen: ausdrucksvoller Kopf mit arabischem Einschlag, große Augen, kleine Ohren, dichtes Mähnen- und Schweifhaar, abfallende Kruppe, langer Hals

Diese Rasse unterteilen die Züchter in vier Unterabteilungen: 1. Welsh Mountain Pony 2. Welsh Pony 3. Welsh Pony im Cob-Typ 4. Welsh Cob. Diese Unterteilung orientiert sich an der Größe sowie dem Erscheinungsbild der Tiere.
Schon bei den Römern wird die Züchtung von Welsh Ponys in Wales erwähnt. In den letzten 150 Jahren fanden wiederholt Einkreuzungen von Arabischem Vollblut statt, dies gab den Welsh Ponys ihr arabisches Profil. Sie zählen zur Gruppe der Berg- und Moorponys der britischen Inseln. Heute sind sie die beliebteste Ponyrasse Großbritanniens.

Die Anatomie des Pferdes

Das Säugetier Pferd ist ein Pflanzenfresser, der im Gegensatz zur Kuh seine Nahrung nicht wiederkäut. Das Pferd ist ein Einhufer, wobei es sich bei der Hornkapsel des Hufs eigentlich um den Nagel einer Zehe handelt. Als Fluchttier entwickelte sich das Pferd zum Zehengänger, dessen zweite und vierte Zehe beim heutigen Pferd nur noch als so genannte Griffelbeine vorhanden sind.

Die Nasenlöcher des Pferdes nennt man Nüstern. Das Pferd kann seine Nüstern je nach Bedarf verkleinern und vergrößern, sei es, dass es vorsichtig kalte Luft einatmet, sei es, dass es bei einem anstrengenden Galopp mehr Sauerstoff benötigt. Das Pferd besitzt einen guten Geruchssinn, den das Tier zusammen mit den Tasthaaren an der Schnauze bei der Wahrnehmung seiner Umgebung einsetzt.

Die Augen befinden sich seitlich am Kopf, das bedeutet, dass das Pferd zwar ein großes Gesichtsfeld besitzt, aber den Bereich direkt vor der Schnauze schlecht einsehen kann. Pferde können nicht besonders gut sehen.

Die relativ kleinen Ohren sind sehr beweglich und können zur Ortung von Geräuschen um 180 Grad gedreht werden. Pferde können gut hören.

Das Pferd besitzt sieben Halswirbel, die im Verhältnis zu anderen Säugetierarten sehr lang ausgebildet sind. Zahlreiche Gelenke, Zwischenwirbelscheiben und Bänder verbinden die Halswirbel.

Die vorderen Gliedmaßen tragen den größten Teil des Körpergewichts, da der Schwerpunkt des Pferdekörpers weit vorne liegt. Die Vorderbeine fangen das Körpergewicht auf, stützen den Rumpf und haben eine stossdämpfende Funktion. Der Brustkorb ist durch starke Muskelbänder an den Schulterblättern „aufgehängt", das Pferd besitzt also kein Schlüsselbein.

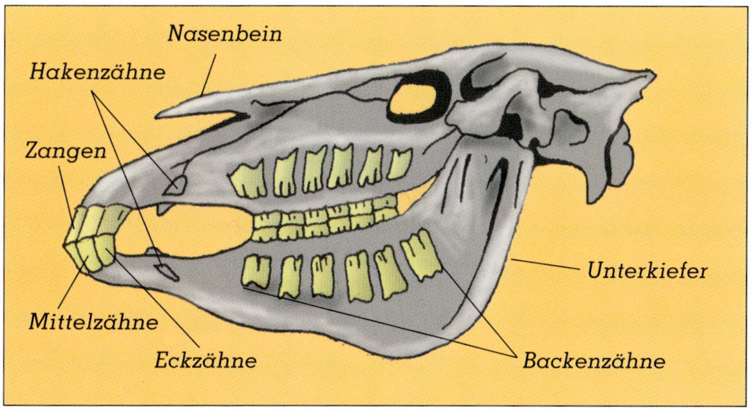

links: Die für die Fortbewegung so wichtige Hinterhand ist stark bemuskelt.
rechts: Die Schädelknochen eines Pferdekopfes.

Der Winkel zwischen dem Oberarm und dem Schulterblatt beträgt etwa 95 Grad und gilt dadurch als optimal stossbrechend.

Die Bemuskelung der Vorderbeine reicht nur etwa bis zum Karpalgelenk (entspricht dem Handwurzelgelenk beim Menschen), ab hier werden alle Funktionen durch Sehnen und Bänder ausgeführt. Diese Art der Konstruktion ist sehr energiesparend, das heißt, das Pferd kann sich unter minimalem Energieaufwand fortbewegen.

Die Hinterbeine, die so genannte Hinterhand, sind vor allem für die Fortbewegung zuständig. Sie liefern den notwendigen Schub für die Vorwärtsbewegung. Die Hinterhand ist deshalb stark bemuskelt, aber auch hier reicht die Muskulatur nur bis zum Tarsalgelenk. Der so genannte „Kniescheiben-Mechanismus" der Hinterbeine ermöglicht ein ruhiges Stehen fast ohne Muskelarbeit. Hierbei wird die Kniescheibe mit Hilfe der

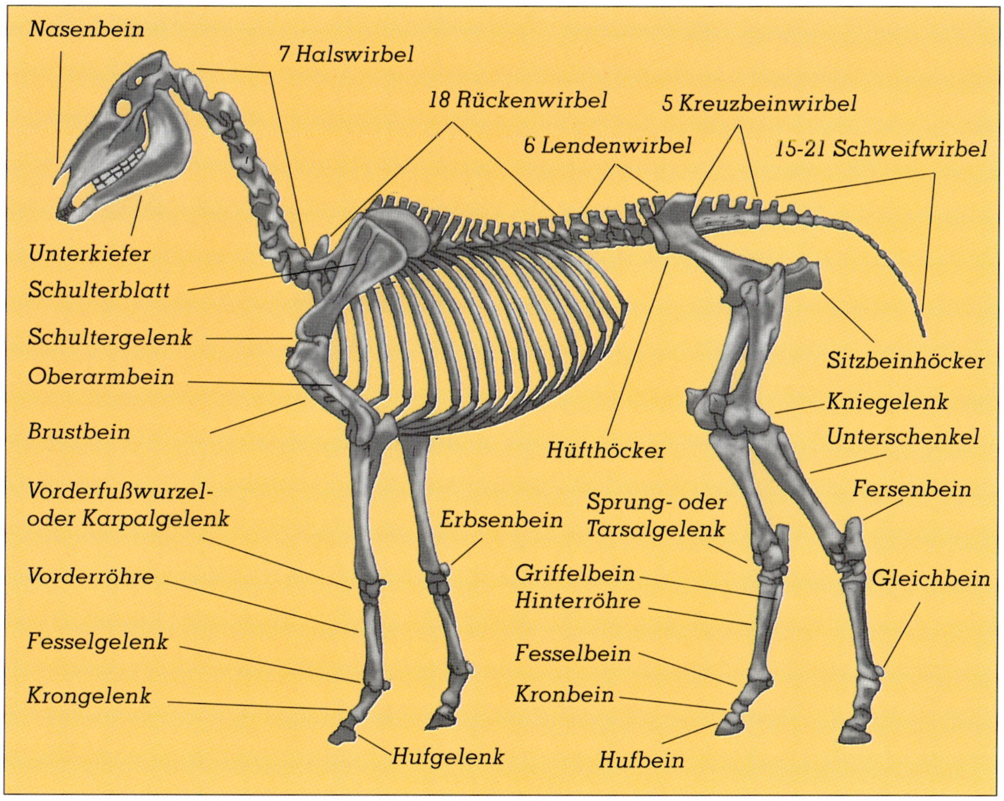

Dieses Skelett zeigt die vielen einzelnen Knochen, Gelenke und Wirbel eines Pferdekörpers.

Kniescheibenbänder hinter dem Rollkamm des Oberschenkelknochens verhakt und dadurch die Stellung der Gliedmaße fixiert. Diese Konstruktion ermöglicht es dem Pferd, im Stehen zu ruhen.
Das Knochengerüst bildet den passiven Bewegungsapparat, die Muskeln und Sehnen bilden den aktiven Bewegungsapparat.

Die Zähne

Das Alter eines Pferdes lässt sich an seinem Gebiss recht gut erkennen. Wie beim Menschen gibt es auch beim Pferd ein Milchzahngebiss, das mit den Jahren durch die endgültigen Zähne ersetzt wird. Die Abfolge des Zahnwuchses könnt ihr anhand der

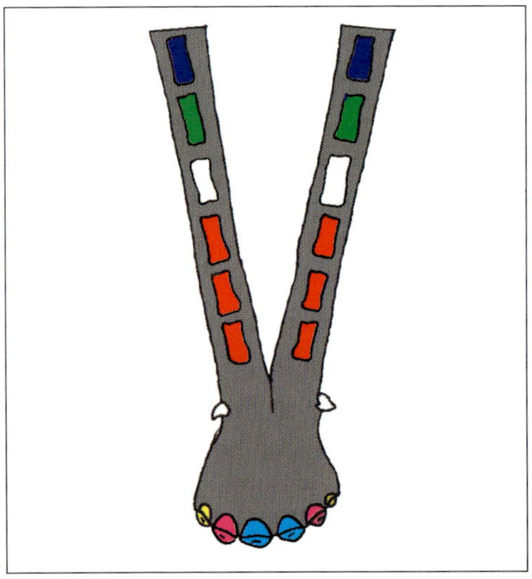

*Zu den Zähnen des Milchgebisses kommen die bleibenden Backenzähne hinzu: im ersten Jahr die weißen, im zweiten die grünen und im vierten Jahr die hier blau gezeichneten Zähne.
Zwischen dem zweiten und dem fünften Lebensjahr werden die Zähne des Milchgebisses komplett ausgewechselt. Im zweiten und dritten Lebensjahr die rot gezeichneten Backenzähne und zuerst die hellblauen Zangen und anschließend die pinkfarbenen Mittelzähne. Erst im fünften Lebensjahr erfolgt der Wechsel der Eckzähne.*

Zeichnung verfolgen. Etwa nach 4 1/2 Jahren ist der Zahnwechsel vollzogen, dann besitzt das Pferd 40 Zähne. Auch die Stellung der Zähne sagt viel darüber aus, wie alt ein Pferd ist. Je flacher die Zahnreihen des oberen und des unteren Kiefers aufeinandertreffen, desto älter ist das Pferd.

Auch das Gebiss des Pferdes ist anfällig für Karies. Daher sollte man bei der Fütterung auf Zuckerstückchen verzichten und gesündere „Leckerli" wie etwa Mohrrüben, Äpfel und trockenes Brot vorziehen.

Die Ohren

Der Gehörsinn ist beim Pferd sehr gut ausgebildet. Als Fluchttier musste und muss das Pferd in der Lage sein, mögliche Bedrohungen früh zu hören. Die Ohren können einzeln oder zusammen um fast 180 Grad gedreht werden. Dadurch ist für den Reiter erkennbar, auf was im Augenblick die Aufmerksamkeit seines Pferdes gerichtet ist. Außerdem lässt sich an den Ohren erkennen, in welcher Stim-

mung sich das Tier gerade befindet. Aufgerichtete, gespitzte Ohren deuten auf freundliche Stimmung und Aufmerksamkeit hin, hingegen ist bei eng angelegten Ohren Vorsicht geboten, denn das Pferd signalisiert damit schlechte Laune oder Widerwillen.

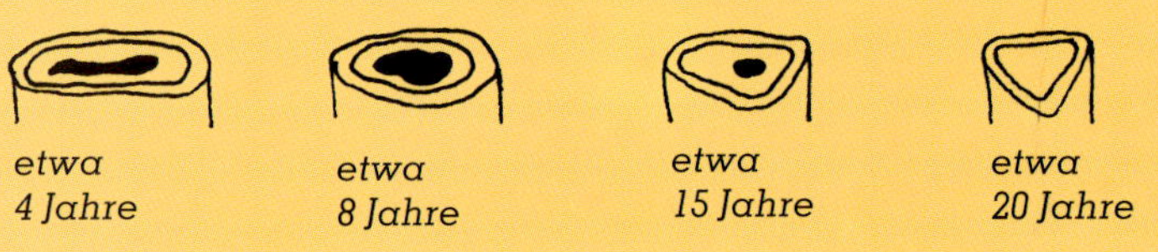

Hier seht ihr die Veränderung der Oberflächen (Kunden) eines Schneidezahns. Die Form geht im Laufe der Lebensjahre von einer ovalen Form in ein scharfes Dreieck über.

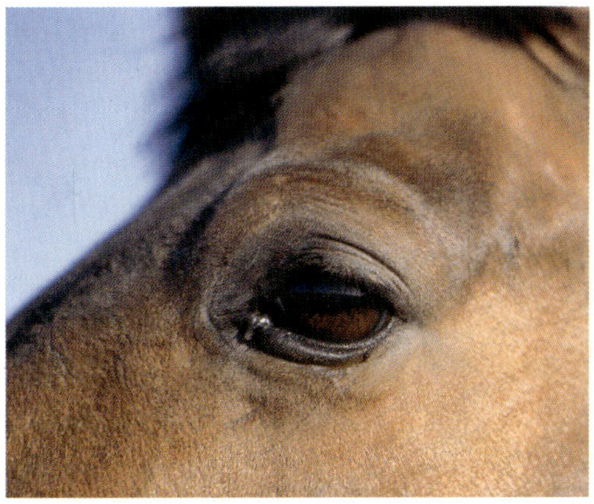

links: Auch mit Hilfe von empfindlichen Tasthaaren nimmt das Pferd seine Umgebung wahr.
rechts: Das mäßige Sehvermögen der Pferde verbunden mit den seitlich am Kopf liegenden Augen lässt Pferde häufig auch in eigentlich ungefährlichen Situationen erschrecken.

Die Nüstern

So nennt man die Nasenlöcher an der Pferdeschnauze. Der Geruchssinn ist gut ausgebildet. Zusammen mit den Tasthaaren kann das Pferd mit der Schnauze seine Nahrung erkennen.
Je nach Bedarf kann das Pferd die Nüstern weiten oder verengen. Bei kalter Witterung und kalter Luft kann das Tier die Nüstern verengen, dadurch die Luft langsamer einatmen und dabei erwärmen. Bei erhöhtem Luftbedarf, etwa wenn das Pferd schnell galoppiert, werden die Nüstern gebläht, um mehr Luft einzuatmen.
Die normale Atemfrequenz beträgt 10 -16 Atemzüge pro Minute. Unter Belastung kann das Pferd bis zu 60 mal pro Minute ein- und ausatmen. Ein Pferd benötigt 62 Liter Luft pro Minute im Ruhezustand.

Die Augen

Die seitliche Stellung der Augen des Pferdes ermöglicht ein Gesichtsfeld von über 300 Grad, das bedeutet, ein Pferd sieht nahezu rings um. Für das Fluchttier Pferd war es in seiner Entwicklung immer wichtig, sein Umfeld „im Auge" zu haben, etwa ein sich anschleichendes Raubtier rechtzeitig zu erkennen.
Das weite Gesichtsfeld führt allerdings dazu, dass das räumliche Sehen des Pferdes eingeschränkt ist. Deshalb sollte man sich einem Pferd langsam nähern und vor allem nicht direkt von vorne oder von hinten, denn in diesen Bereichen sieht das Pferd eher schlecht. In dem Bereich, wo sich die Gesichtsfelder der beiden Augen überschneiden, kann das Pferd scharf sehen. Allerdings gilt dies vor allem für das Sehen bei gesenktem Kopf, bei erhobenem Kopf wird das Sehen schlechter.

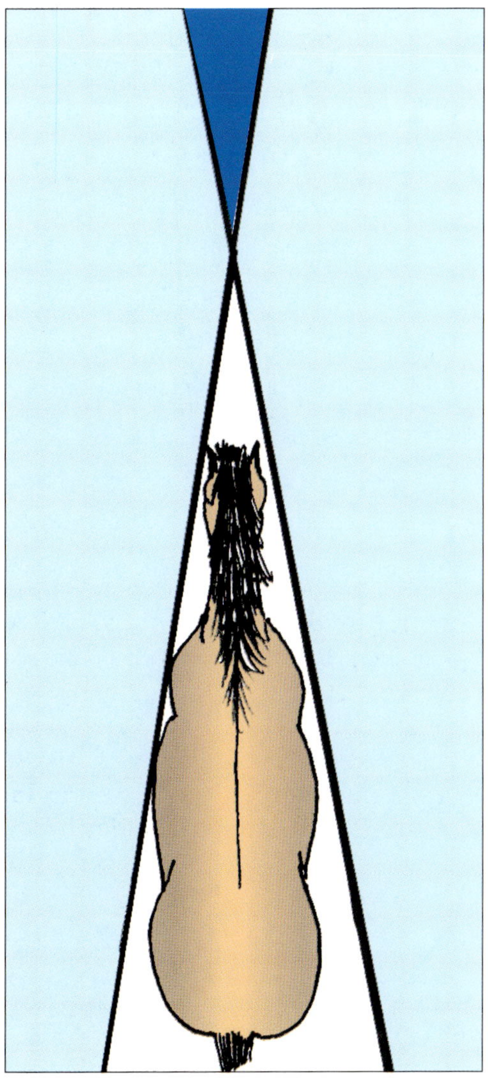

Der hier hellblau markierte Bereich kann vom Pferd nur mit jeweils einem Auge wahrgenommen werden, das bedeutet, dass das Pferd relativ undeutlich sieht.
Den weißen Bereich sieht das Pferd überhaupt nicht.
Das dunkelblaue Feld kann vom Pferd mit beiden Augen gesehen werden, man spricht auch vom binokularen Bereich, den das Pferd scharf sieht.

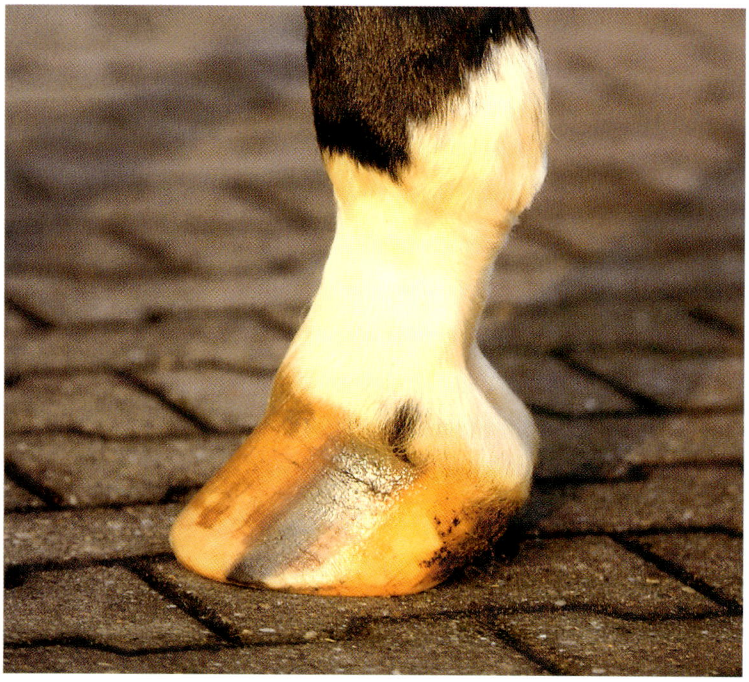

Dieser Huf ist im Vergleich zur relativ steilen Fesselung eindeutig zu spitz. Ein Fall für den Hufpfleger oder den Hufschmied.

Die Hufe

Als wichtiges Verbindungsglied zum Boden kommt den Hufen beim Pferd größte Bedeutung zu. Was wie ein einfacher „dicker Nagel" aussieht ist in Wirklichkeit ein ausgeklügeltes Gebilde, das dauernde Pflege und Aufmerksamkeit verlangt. Eine gute Hufpflege ist die Grundlage für ein gesund laufendes Pferd.

Es hängt von der Stellung der Gliedmaßen und von der Art der Nutzung und Haltung ab, ob ein Pferd beschlagen werden sollte oder nicht. In der Regel kann bei einem Pferd, das nur in der Freizeit eingesetzt wird, auf einen Beschlag verzichtet werden. Das gute alte Hufeisen hat in den letzten Jahren immer mehr an Bedeutung verloren. Längst hat auch hier der Kunststoff Einzug gehalten und es gibt im Handel inzwischen auch Beschläge aus Aluminium. Vor allem der Kunststoff zeigt inetwa die gleichen Eigenschaften wie das Horn des Hufs, indem er vor allem auf hartem Untergrund ebenfalls stossdämpfend wirkt.

Neben dem genagelten Hufschutz gibt es auch noch so genannte Hufschuhe, die vor jedem größeren Ritt übergezogen werden können. Hufschuhe werden in verschiedenen Größen hergestellt, die vom jeweiligen Hufschmied oder Hufpfleger angepasst werden können.

Eine weitere interessante Alternative zum herkömmlichen Beschlag stellt der aufklebbare Hufschutz dar. Ein solcher Klebeschuh hält etwa genauso lange wie ein normaler Huf-Beschlag.

Hufwinkelung und Fesselstand

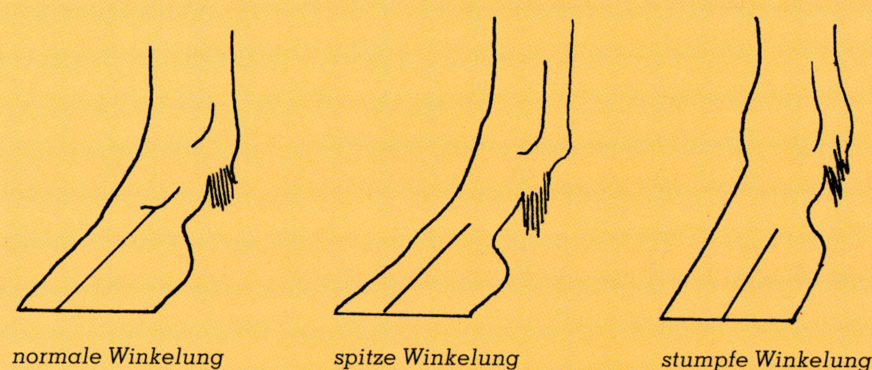

Die Hufwinkelung sollte zum Fesselstand passen. Eine gedachte Linie durch die Fessel nach unten geführt, sollte parallel zur Zehenwand verlaufen. Bei weich gefesselten Pferden trifft diese Regel allerdings nicht unbedingt zu, da ein zu spitzer Hufwinkel vermieden werden sollte.

Fellfarben

Beim Deckhaar und beim Behang kommen fast sämtliche Farben und Farbkombinationen vor. Die Grundfarben sind: schwarz, braun und weiß. Diese Farben erscheinen in unzähligen Tönen und Schattierungen. Bei einigen Rassen ist die Farbe festgelegt, das bedeutet, dass nur Pferde mit der „richtigen" Farbe anerkannt und ins Stutbuch eingetragen werden. So müssen zum Beispiel Friesen immer Rappen, also völlig schwarz, und Pintos immer in einer bestimmten Art gescheckt sein.

Pferde ohne jegliche Farbpigmentierung nennt man Albinos. Sie besitzen weißes Deckhaar, rosarote Haut und rote Augen. Solche Pferde sind in der Regel sehr empfindlich, zum Beispiel auch sehr anfällig für Sonnenbrand.

Pferde mit schwarzem Deckhaar und schwarzem Behang nennt man Rappen. Es gibt auch so genannte „Sommerrappen", die im Winter ein dunkelbraunes Fell bekommen und nur den Sommer über richtig schwarz sind.

Als Braune bezeichnet man Pferde, die zwar ein braunes Fell, aber einen schwarzen Behang haben. Das Braun des Fells kann von ganz hellen bis zu tief dunkelbraunen Tönen variieren.

Füchse heißen braune Pferde mit braunem bis flachsfarbenem Behang. Es gibt Rotfüchse, Goldfüchse, Dunkelfüchse usw. Der Behang kann, muss aber nicht, gleichfarbig wie das Deckhaar sein.

Unter der Bezeichnung Schimmel versteht man alle Pferde die weißes, braunweißes oder grauweißes Deckhaar besitzen. Schimmel gibt es in vielen Variationen: als Fliegenschimmel, Tigerschimmel oder Apfelschimmel, je nach Art der Zeichnung.
Schimmel kommen in der Regel als Rappen oder Füchse zur Welt und werden erst im Laufe von Jahren allmählich weiß.

Schecken heißen Pferde, die eine großflächige, verschiedenfarbige Zeichnung des Fells aufweisen. In einigen Pferderassen sind Schecken nicht gern gesehen. Es gibt jedoch Liebhaber, die die Züchtung dieser eigenwillig gefärbten Tiere betreiben (z. B. in der Pinto-Zucht).

Abzeichen

Unter Abzeichen versteht man weiße Färbungen am Kopf und an den Gliedmaßen. Diese Abzeichen kommen in den unterschiedlichsten Größen und Formen vor. Jedes Pferd hat seine individuellen Abzeichen, Pferde mit den genau gleichen Abzeichen kommen niemals vor. Bei der Fohlenmusterung werden unter anderem auch diese Abzeichen erfasst, damit ist das Pferd überall wiederzuerkennen und eigentlich unverwechselbar. Bei manchen Rassen werden einige Abzeichen nicht akzeptiert, so sind beispielsweise bei den Friesen weiße Abzeichen unerwünscht, bei anderen Rassen hingegen sind Abzeichen erwünscht, etwa die weißen Füße bei den Shire Horses.

Früher nahm man an, dass zwischen den Abzeichen, der Leistungsfähigkeit und dem Charakter des Pferdes eine Beziehung bestehen muss. Viele Abzeichen galten zum Beispiel als ein Hinweis auf einen schlechten Charakter oder auch geringe Leistungsfähigkeit.

Ein vierfach weiß gestiefeltes Holländisches Warmblut.

1

2

3

4

5

6

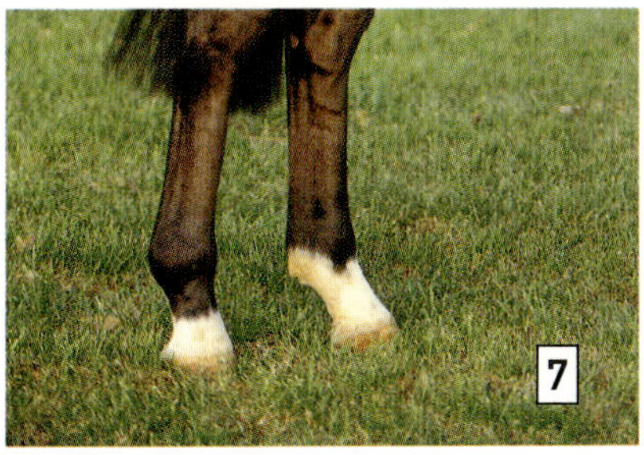

7

Bild 1: große Schnippe
Bild 2: breite Blesse
Bild 3: Mehlmaul (typisch für Wildpferderassen).
Bild 4: Laterne; deutlich zu erkennen, das Fischauge, dabei handelt es sich um eine Fehlfärbung der Iris.
Bild 5: Stern; eine noch kleinere punktförmige Zeichnung nennt man Flocke.
Bild 6: schmale Blesse
Bild 7: weiße Fesselung der Hinterbeine

Gangarten und Fußfolge

Bei Pferden gibt es drei Grundgangarten, den Schritt, den Trab und den Galopp.
Dazu kommen die Gangarten Tölt und Pass, die nur wenige Pferderassen beherrschen. Das Island Pony ist ein Vertreter dieser Rassen, die außer in den drei Grundgangarten häufig auch in den beiden Gangarten Pass und Tölt geritten werden können.

Beim Pass bewegen sich gleichzeitig die Gliedmaßen einer Körperseite. Diese Gangart wirkt leicht schaukelnd, auch Kamele sind solche Passgänger. Wie beim Trab gehen die Beine in einem Zweitakt.
Der Tölt ist wie der Schritt ein Viertakt und auch die Fußfolge ist dieselbe. Allerdings ist der Tölt wesentlich schneller als der Schritt. Speziell mit

Die Grundgangarten:

*Beim **Schritt** treten in der Regel die Hinterfüße in die Spur der Vorderfüße. Die Fußfolge kann sein: linker Hinterfuß, linker Vorderfuß, rechter Hinterfuß und rechter Vorderfuß, man spricht auch von einem gleichseitigen Ablauf.*

*Beim **Trab** ist die Fußfolge diagonal und im Gegensatz zur Viertaktbewegung des Schritts geht das Pferd beim Trab im Zweitakt. Die jeweiligen diagonalen Beinpaare treffen fast gleichzeitig auf dem Boden auf, man meint nur einen Hufschlag zu hören. Beim schnelleren Trab kommt es zu einer Schwebephase, in der sich alle vier Beine in der Luft befinden.*

*Der **Galopp** ist die schnellste Gangart des Pferdes. Zu hören ist ein Dreitakt, wenn beispielsweise zuerst das rechte Hinterbein, dann das linke Hinterbein und das rechte Vorderbein und schließlich das linke Vorderbein nacheinander auf dem Boden aufsetzen. Es folgt eine Schwebephase, alle vier Beine befinden sich für einen kurzen Augenblick in der Luft.*

Isländern werden im Tölt Rennen auf eigens dafür angelegten Rennbahnen geritten. Für Reiter ist diese Gangart sehr bequem und erschütterungsfrei zu sitzen.
Beim Westernreiten spricht man beim Schritt vom Walk. Zwischen Schritt und Trab gibt es hier noch den verlangsamten Trab, der Jog genannt wird. Diese Gangart ist zwar um einiges schneller als der Schritt, ermüdet die Pferde aber nicht so schnell wie der Trab. Cowboys bedienten sich früher häufig dieser Gangart, wenn sie große Strecken zurücklegen mussten.
Vom Lope wird gesprochen, wenn es sich um einen Galopp in langsamen Sprüngen handelt.
Beim Geländeritt ist die Rede vom schnelleren Jagdgalopp im Vergleich zum versammelten Arbeitsgalopp, der in der Reitbahn geritten wird. Ähnliches läßt sich über den Trab sagen, der vom in der Bahn gerittenen Arbeitstrab über den Mitteltrab bis zum Renntrab über zahlreiche Variationen verfügt.

Schritt – Trab – Galopp

Verhaltensmaßregeln

Um sich dem Fluchttier Pferd richtig zu nähern sind einige Verhaltensmaßregeln wichtig. Das eingeschränkte Gesichtsfeld des Pferdes – es sieht nur sehr undeutlich, was vor seiner Schnauze geschieht – macht es notwendig, sich grundsätzlich einem Pferd schräg von der Seite zu nähern. Damit das Pferd aufmerksam wird, empfiehlt es sich, das Tier ruhig anzusprechen und sich dann erst zu nähern. Dabei sind heftige Bewegungen zu vermeiden, denn Pferde sind in der Regel sehr schreckhaft.

Als erste Kontaktaufnahme kann man dem Pferd über den Hals streichen oder ihm die flache Hand vor die Schnauze halten. Auf diese Weise kann sich das Pferd an einen gewöhnen.

Beim Führen des Pferdes muss unbedingt beachtet werden, dass der Strick keinesfalls um die Hand gewickelt wird. Im Notfall, wenn das Pferd erschreckt wird und scheut, muss man es schnell loslassen können.

Wenn man Pferde von der Weide holt, sollte man unbedingt beachten, kein Tier alleine auf der Weide zurück zu lassen. Als Herdentiere sind Pferde für solche Situationen empfindlich.

rechts: So nicht! Pferden nähert man sich niemals direkt von vorne oder von hinten. Am besten sieht das Pferd, was schräg von vorne kommt.
unten: So nähert man sich einem Pferd richtig: von schräg vorne.

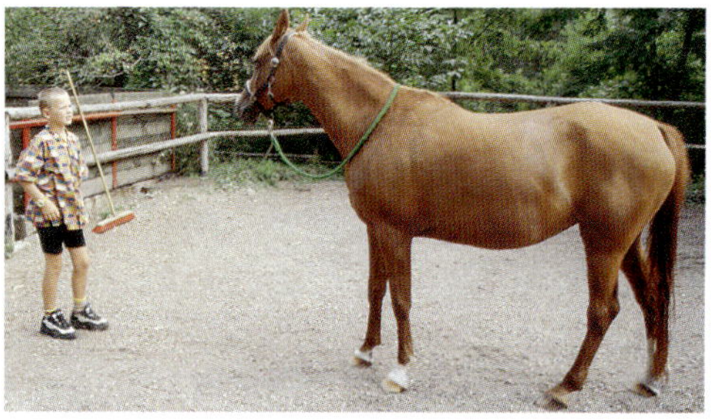

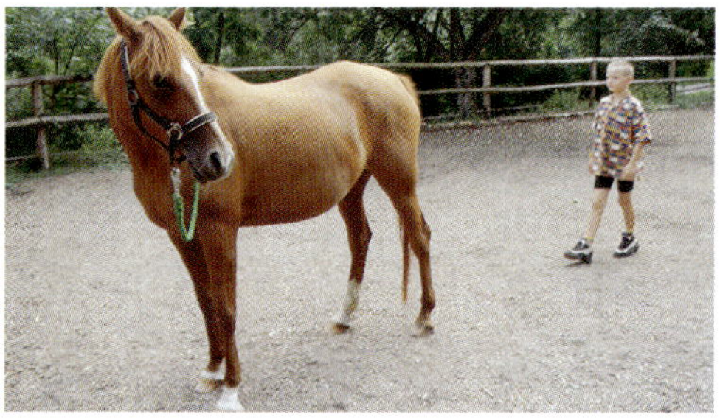

Ein allein zurückgelassenes Pferd könnte in Panik geraten und versuchen, seinen Artgenossen zu folgen ohne Rücksicht auf seine eigene Gesundheit.

Anbinden

Wo? Nicht zu niedrig, damit das Pferd nicht mit dem Bein über oder ins Seil kommt und auch nicht zu lang aus demselben Grund. Man sollte das Pferd an einer stabilen Anbinde festmachen, die nicht nachgibt, also zum Beispiel ein Pfosten oder ein Anbindering.

Vorher überprüft man die Umgebung des Anbindeortes, ob sich etwa scharfe oder spitzige Stangen, Nägel oder Ähnliches in der Nähe befinden, an denen sich das Pferd verletzen könnte.

Zum Anbinden verwendet man einen sogenannten Panikknoten, der sich im Notfall schnell aufziehen lässt.

Das Halfter sollte zwar locker am Kopf sitzen, aber auf keinen Fall so locker, dass sich beim Kratzen eventuell der Hinterhuf darin einhaken kann. Zwei Fingerbreit Luft sind ausreichend.

Der oben abgebildete Panikknoten kann sich nicht festziehen und jederzeit geöffnet werden.

Erschreckt sich ein Pferd, so reagiert es unter Umständen sehr heftig. Das Hochwerfen des Kopfes ist dabei noch die mildeste Variante. Gefährlich kann es werden, wenn angebundene Pferde in einer solchen Situation zurückpullen.

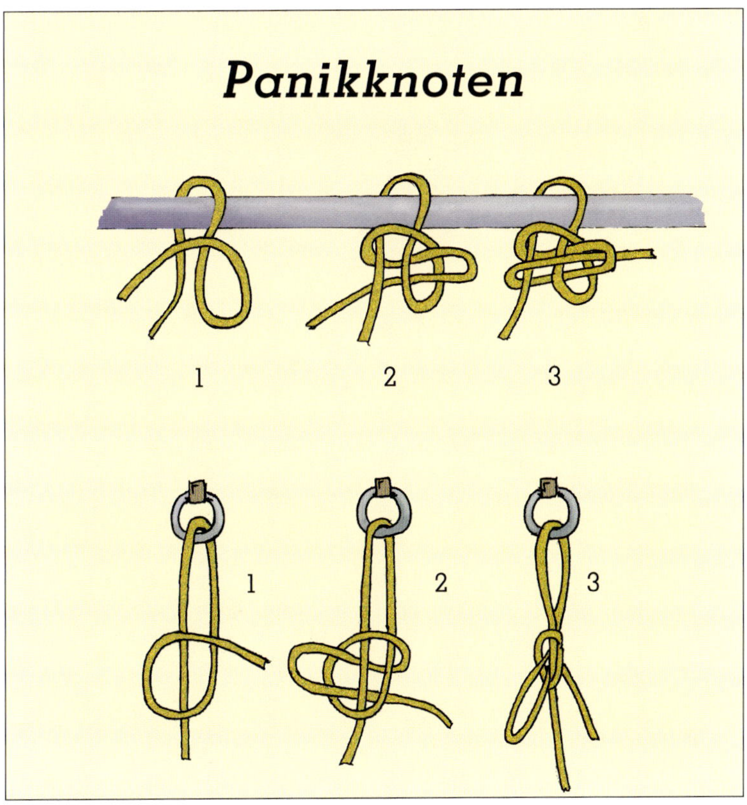

Füttern

Beim Füttern des Pferdes reicht man dem Tier das Brot oder die Möhre auf der flachen Hand dar. Meist greift sich das Tier die Nahrung mit seinen weichen Lippen und man vermeidet so, dass die Finger in Gefahr geraten.

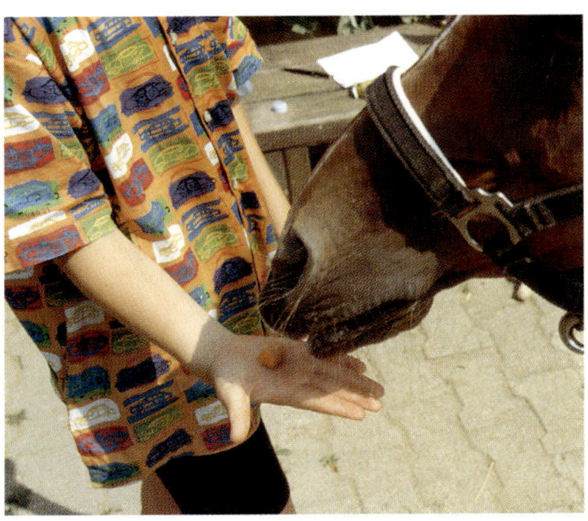

Ausrüstung

Sattel

Die beiden gebräuchlichsten Sattelarten in Deutschland sind der Englisch Sattel und der Western-Sattel.

Man wählt den Sattel je nach Reitweise und Pferd. Spezielle Sättel sind unter anderem der Dressur-Sattel, Spring-Sattel, Isländer-Sattel und Wanderreit-Sattel.

Ganz unabhängig von der Art von Sattel, für die man sich entscheidet, sollte der Sattel unbedingt passen. Er muss der Wirbelsäule genug Platz lassen, genügend Widerristfreiheit aufweisen und er sollte überall auf dem Rücken gleichmäßig aufliegen. Eine große Auflagefläche verteilt das gesamte Gewicht gleichmäßig auf dem Rücken des Pferdes. Zur Wahl eines Sattels sollte man unbedingt fachlichen Rat hinzuziehen. Natürlich ist es auch wichtig, dass man selbst gut im Sattel sitzt.
Bei der Wahl der Steigbügel sollte darauf geachtet werden, dass sie einen Schutz gegen das gefährliche Hängenbleiben bieten, etwa die Camargue-Steigbügel.

oben:
Blick in die Sattelkammer.

rechts:
Englisch Sattel und Western-Sattel

unten:
Australischer Stocksattel und Malibaud-Sattel

Zaumzeug

Je nach Reitweise und Ausbildungsstand von Pferd und Reiter wählt man das entsprechende Zaumzeug und vor allem das Gebiss. Hier sollte der Reitlehrer gefragt werden, welches Gebiss zu Pferd und Reiter passt.
Außerdem gibt es gebisslose Zäumungen, etwa das Hackamore, Sidepull oder Bosal. Solche Zäumungen eignen sich nicht für das Reiten mit feiner Zügelhilfengebung sondern eher für den Geländeritt. Alles Lederzeug sollte mindestens zweimal jährlich auseinandergenommen und mit Sattelseife gründlich gereinigt werden. Anschließend reibt man alle Teile mit Lederöl gut ein. Bei dieser Behandlung bleibt das Leder geschmeidig.

Gerte

Es gibt kurze Springgerten und lange Dressurgerten. Eine Gerte sollte niemals zur Bestrafung eingesetzt werden, sondern nur zur Hilfengebung. Das Pferd darf keine Angst vor der Reitgerte haben. Der fortgeschrittene Reiter setzt zur feineren Hilfengebung Sporen ein.

Helm

Ein Helm gehört auf jeden Fall zur Ausrüstung eines Reiters, denn auch der beste Reiter ist gegen einen Abwurf nicht gefeit. Ein Helm sollte immer mit einem Kinnschutz versehen sein. Vor allem in Reitvereinen ist das Tragen eines Helmes Pflicht.

Stiefel

Reitstiefel gibt es aus Gummi, Plastik oder Leder. Weil die Stiefel recht eng sitzen, benötigt man einen Stiefelknecht zum Ausziehen. Ein solches Hilfsmittel ist, wenn man allein seine Reitstiefel ausziehen will, oft die letzte Rettung. Jodhpur-Stiefel sind halbhohe Stiefel und wesentlich bequemer als herkömmliche Reitstiefel. Hierzu gibt es auch spezielle Reithosen, die bis über den Stiefel reichen.

Hose

Reithosen haben im Kniebereich und zum Teil im Gesäß einen festen Lederbesatz, dies verbessert den Sitz und schützt die Hose vor Verschleiß. Wichtig ist es, dass Reithosen am Knie und Gesäß keine dicken Nähte aufweisen, da es sonst zu Druckstellen kommen kann. Das Reiten in normalen Alltagshosen, etwa in Jeans, empfiehlt sich kaum, da diese Hosen bald heruntergeritten sind.
Die Westernreiter verwenden häufig Beinkleider aus Leder, so genannte Chaps, die man sich über die Hose drüber zieht. Chaps (Bild unten) sind ausgesprochen widerstandsfähig und langlebig und schützen außerdem gut gegen Wind und Wetter.

Reitstiefel und Reitgerte

Eine Steigbügelart, die einen Schutz vor dem Hängenbleiben bietet, ist der Camargue-Steigbügel.

Ein Reithelm mit Kinnschutz empfiehlt sich nicht nur für Anfänger.

Satteln und erste Übungen

Satteln

Man setzt den Sattel am Widerrist auf und schiebt ihn in die richtige Lage nach hinten. Er muss am tiefsten Punkt liegen, damit das Gewicht des Reiters nicht auf die Nierenpartie drückt und damit der Sattel beim Reiten nicht nach vorne oder hinten rutscht. Die Sattelunterlage sollte faltenfrei liegen, damit es keine Druckstellen gibt. Beim Anziehen des Sattelgurts muss man beachten, dass das Pferdefell unter dem Sattelgurt keine Falten wirft. Dazu greift man den Vorderfuss etwa auf Höhe des Karpalgelenks, zieht ihn vorsichtig nach vorne und sorgt dadurch dafür, dass die Haut unter dem Sattelgurt gestrafft ist. Bei empfindlichen Pferden verwendet man Gurte aus Fell oder Latex, um die Haut zu schonen.

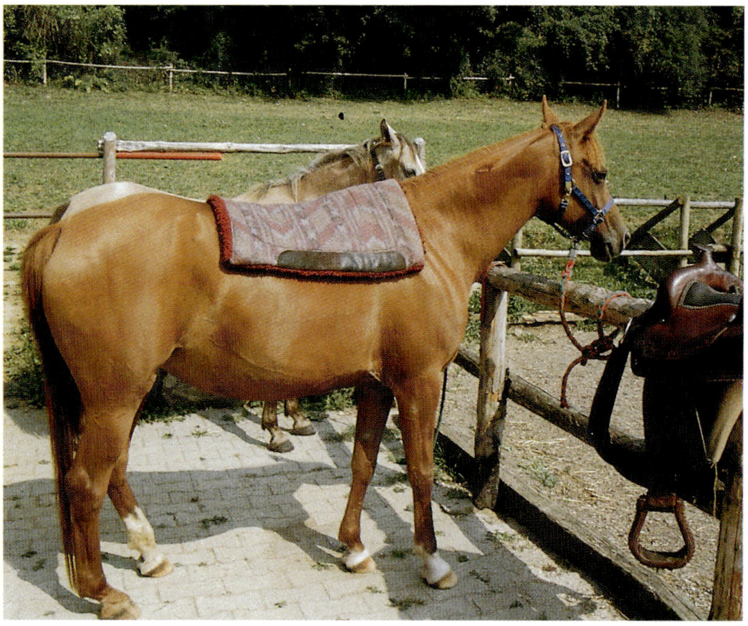

Beim Western-Sattel wird zuerst das Pad, die Sattelunterlage, in die richtige Position gebracht. Anschließend wird der Sattel daraufgelegt und gegurtet. Ein Western-Sattel wird nicht so stramm gegurtet wie ein Englisch Sattel. Seine große Auflagefläche, verbunden mit der speziellen Form verleihen ihm dennoch sicheren Halt. Unten: Straffen des Fells unter dem Sattelgurt

Aufzäumen

Das Pferd wird aufgezäumt, indem zuerst der Zügel über den Hals gelegt wird, bevor das Stallhalfter entfernt wird. Anschließend zieht die eine Hand das Reithalfter über den Pferdekopf, während die andere das Gebiss ins Pferdemaul schiebt. Nachdem das Genickstück nacheinander vorsichtig über beide Ohren geschoben wurde, werden Kehl- und Kinnriemen geschlossen. Beim Kehlriemen sollte hierbei noch etwa eine Faust hindurchpassen, beim Kinnriemen sind zwei Fingerbreit Spiel ausreichend.

Neben den verschiedenen Zäumungen mit Gebiss, wie beispielsweise Englischem, Mexikanischem oder Hannoverschem Reithalfter, gibt es auch gebisslose Zäume. Zum Beispiel wirkt das Hackamore mit Hilfe eines Hebels auf die empfindliche Pferdenase. Eine solche scharfe Zäumung gehört nur in umsichtige Reiterhände.

Ohne Hebel kommt das so genannte Sidepull (siehe Bild unten) aus, das ebenfalls kein Gebissteil hat. Auch das Bosal zählt zu den gebisslosen Halftern und ist die weichste Form der Halfterung; es besteht aus gedrehtem Pferdehaar.

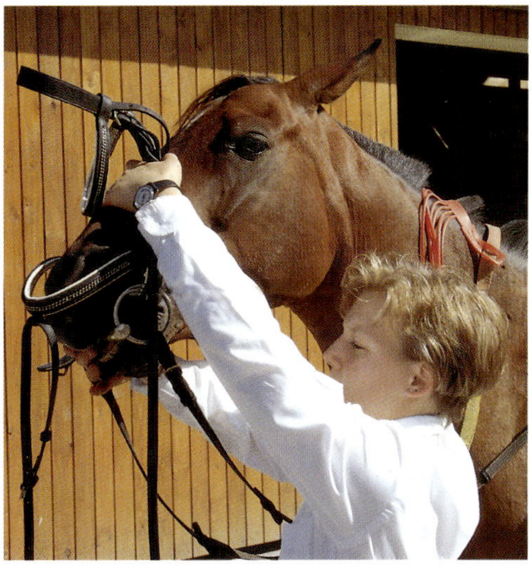

Während eine Hand den Zaum über den Kopf zieht, legt die andere das Gebiss ins Pferdemaul.

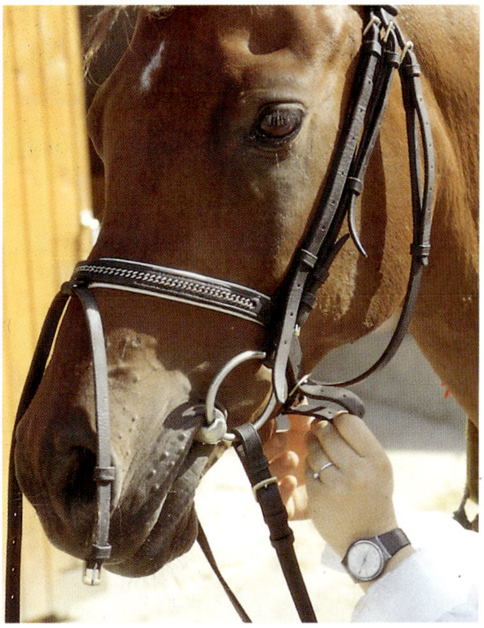

Kehl- und Kinnriemen werden geschlossen.

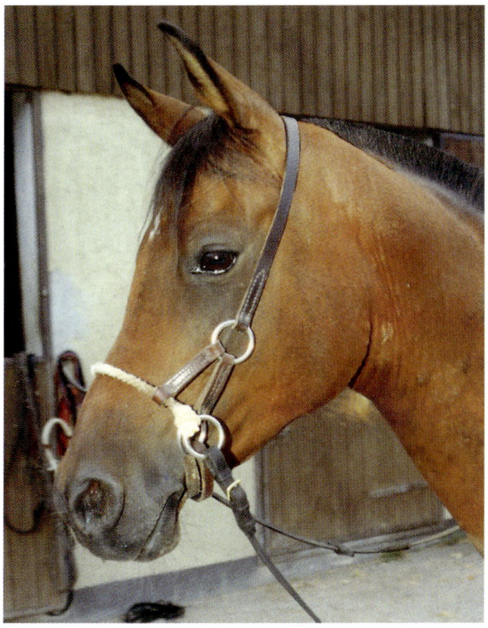

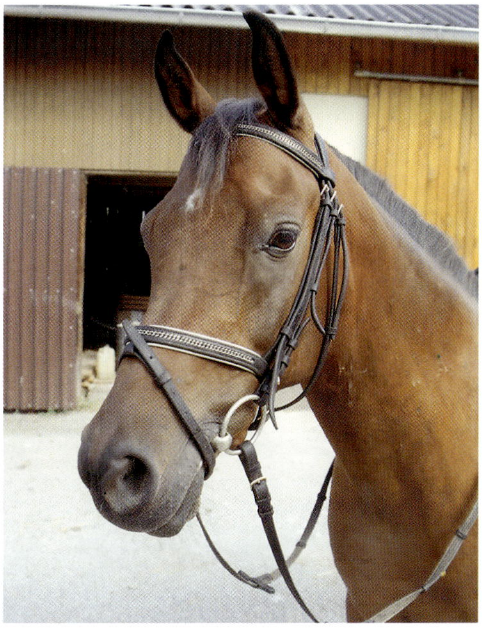

links:
Sidepull – Mit dieser Trainingszäumung wird die Beweglichkeit des Pferdehalses gefördert.

rechts:
Fertig angelegtes Englisches Reithalfter mit Pullerriemen und Wassertrense.

Aufsitzen – Absitzen

Oben links: So legt man die ungefähre Länge der Steigbügel fest.
Oben rechts: Aufgesessen wird mit dem Rücken zum Pferdekopf, dann geht's mit Schwung in den Sattel.

Unten links: So sieht ein korrekter Sitz aus.
Unten rechts: Beim Absitzen werden die Füße aus beiden Steigbügeln genommen und die Reiterin schwingt sich mit geschlossenen Beinen vom Pferd.

Erste Übungen

Bevor es ans erste Aufsitzen geht, sollte man sich beim Voltigieren mit dem Reittier Pferd vertraut machen. Hierbei erlernt man nicht nur das richtige Fallen vom Pferd – was immer mal vorkommen kann – sondern bekommt auch einen Eindruck vom Bewegungsablauf des Tieres.
Nach dem Voltigieren geht man auf dem gesattelten Pferd an der Longe. Dabei erlernt man das richtige Sitzen, ohne die Zügel zu verwenden. Ein richtiger Sitz bildet die Grundlage für die weitere reiterliche Ausbildung.

In der so genannten Longe-Stunde lernt der Anfänger den richtigen Sitz und macht sich mit den Bewegungsabläufen des Pferdes vertraut.

Abteilungsreiten unter dem Kommando eines Reitlehrers.

Abteilungsreiten

Beim Reiten in der Abteilung erlernt der Reitschüler die Hilfengebung mit Zügeln, Kreuz und Schenkeln. Je besser das Pferd an den Hilfen steht, desto präziser können Bahnfiguren geritten und die Kommandos des Reitlehrers befolgt werden.

Bahnfiguren werden die vom Reitlehrer angeordneten Biegungen und Richtungswechsel (Handwechsel) genannt. Zu den Bahnfiguren zählen unter anderem Volten, Zirkel, Schlangenlinien und Wechsel wie etwa „Durch die ganze Bahn“, „Durch die Länge der Bahn“ oder „Aus dem Zirkel“. Um Bahnfiguren präzise reiten zu können, sind an der Bande (seitliche Begrenzung der Reitbahn) Buchstaben angebracht. So gilt es, das Pferd exakt wenn sich der Reiter auf der Höhe des vom Reitlehrer vorgegebenen Buchstaben befindet, abzuwenden und die verlangte Figur in gleichmäßigem Tempo zu reiten. Innerhalb der Abteilung ist dabei ein Abstand von Pferd zu Pferd von etwa einer Pferdelänge, also ungefähr 2,50 Meter, einzuhalten. Neben den Bahnfiguren spielen beim Abteilungsreiten auch Übungen in den Seitengängen, das Rückwärtsrichten oder Vorhand- und Hinterhandwendungen eine Rolle. Einzeln gerittene Aufgaben geben Auskunft über das Können des Reiters. Hierbei bleibt der Rest der Abteilung im Schritt, während der jeweils erste Reiter im Trab oder im Galopp die Anweisungen des Reitlehrers befolgt. Wenn der Reiter die gestellte Aufgabe erfüllt hat, reiht er sich am Ende der Abteilung wieder ein und der nächste beginnt.

Ein Wanderritt entlohnt für die Mühen in der Reitbahn.

Pferdepflege

In der Regel fängt man bei der Pferdepflege vorne links an und arbeitet sich links nach hinten um dann rechts vorne nach rechts hinten weiterzumachen. Die Hufe sollten vor und nach jedem Ritt überprüft und ausgekratzt werden, denn das Pferd könnte sich je nach Gelände einen Stein in den Huf eingetreten haben.

Zur Säuberung des Kopfes verwendet man kleine, weiche Kopfbürsten. Mit dem Mähnenkamm kann man die Mähne und das Schweifhaar behandeln. Damit das Pferd bei der Mähnen- und Schweifpflege nicht so viele Haare verliert, kann man Mähne und Schweif vorher mit der Hand verlesen, das heißt, eventuelle Verknotungen lösen. Der Einsatz von Mähnenspray erleichtert diese Arbeit, sollte aber im Winter nicht angewendet werden, weil es zu Verkühlungen kommen kann.

Für grobe Verschmutzungen gibt es Striegel aus Metall, die allerdings nur an Hals und Körper, nicht an den Gliedmaßen oder am Kopf eingesetzt werden dürfen.

Leichtere Verschmutzungen können mit dem Kunststoff- oder Gummistriegel in kreisförmigen Bewegungen gegen den Fellstrich entfernt werden. Mit einer Wurzelbürste oder einer Kardätsche kann anschließend der gelöste Schmutz in Fellstrichrichtung herausgebürstet werden. Damit sich der Schmutz aus den Bürsten löst, streicht man sie am Striegel ab. Diesen klopft man anschließend aus.

Für die Beine verwendet man eine Wurzelbürste, grober Schmutz wird mit einer Kunststoffbürste entfernt.

oben:
Geräte zur Pferdepflege.

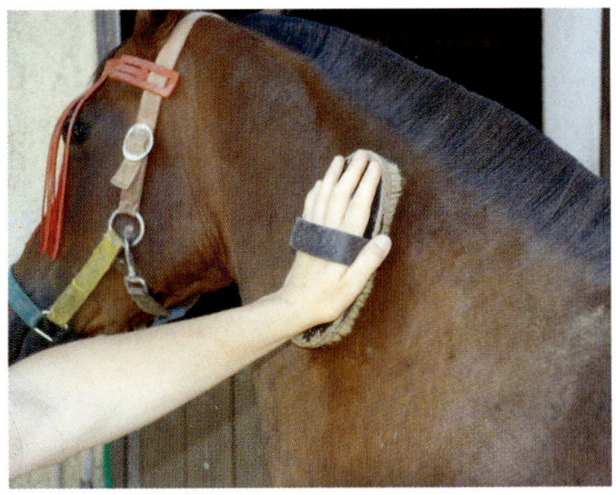

rechts:
Mit einer Bürste fährt man über das Fell.

unten:
Mit einem Schweißmesser zieht man das nasse Fell ab.

Außerdem werden zwei Schwämme benötigt, einer für den Kopf und einer für den restlichen Körper. Mit dem Kopfschwamm säubert man von Zeit zu Zeit die Augen und die Nüstern. Mit dem Ganzkörperschwamm wäscht man das Pferd im Sommer nach dem Ausritt, wenn das Tier verschwitzt ist. Dabei werden auch der After und die Geschlechtsteile abgewaschen. Anschließend wird das Pferd gründlich mit dem Schweißmesser abgezogen.

Das Abspritzen der Beine von unten nach oben nach einem langen Ritt oder bei heißen Temperaturen kühlt die Sehnen. Dabei sollte darauf geachtet werden, dass die Fesselbeugen anschließend gut trockengerieben werden, um einer Maukeerkrankung vorzubeugen.

Im Winter sollten vor allem Pferde, die im Offenstall gehalten werden, statt mit einer Kardätsche besser mit einer Wurzelbürste abgebürstet werden, da die sehr feine Kardätsche zuviel Fett aus dem Fell entfernt und damit den natürlichen Schutz zerstört.

Zum Schutz vor lästigen Fliegen gibt es Fransenbänder, die am Halfter befestigt werden und die Augen vor lästigen Fliegen schützen. Außerdem gibt es spezielle Kapuzen, die über die Ohren und die obere Gesichtshälfte gezogen werden. Fliegen sind nicht nur lästig für die Pferde, sondern können auch Bindehautentzündungen an den Augen hervorrufen. Mit imprägnierten Plastikanhängern, die man im Mähnenhaar befestigt, erreicht man einen ähnlichen Effekt wie mit Fransenbändern. Außerdem gibt es noch zahlreiche flüssige Präparate zum Vertreiben von Fliegen, auch Hausmittel aller Art, die zum Beispiel mit Teebaumöl oder Essig arbeiten.

Bei Arbeiten am Pferd, etwa bei der Hufpflege oder beim Beschlagen, legt man dem Pferd eine Fliegendecke über, damit es nicht ständig mit der Abwehr von lästigen Fliegen und Bremsen beschäftigt ist.

Bei heißem Wetter tut auch Pferden eine Abkühlung gut.

links unten: Ein Fransenband hält die lästigen Plagegeister ab.

rechts unten: Ein Hufbad beugt dem Austrocknen der Hufe vor.

Hufpflege

Vor und nach jedem Ausritt sollten die Hufe gesäubert werden. Dazu verwendet man am besten einen Hufkratzer mit einem Bürstenteil. Auf diese Weise kann man die Hufe von groben und feinen Verunreinigungen befreien. Damit verringert man die Gefahr der Bildung einer Druckstelle. Denn trotz vermeintlicher Härte bergen die Hufe des Pferdes einen komplizierten und empfindlichen Teil des Bewegungsapparates. Diesen gilt es vor Beeinträchtigungen zu schützen und regelmäßig und sorgfältig zu pflegen.

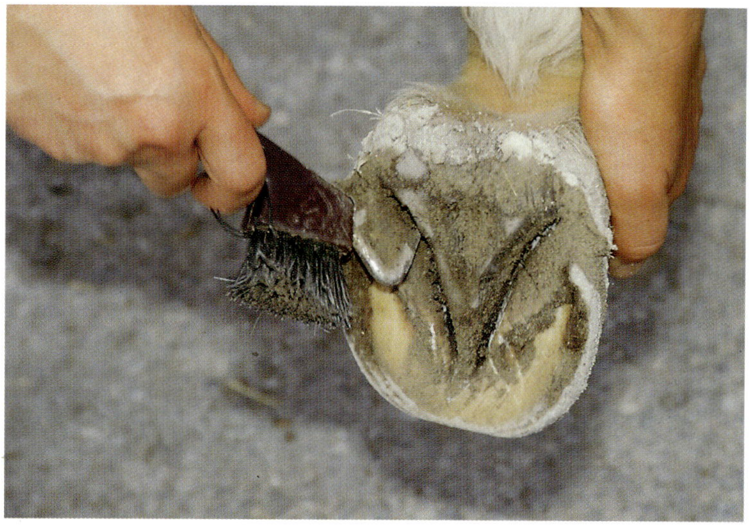

Das Auskratzen des Hufes.

So sieht ein gesunder Huf aus, der allerdings eine Bearbeitung durch den Hufschmied oder den Hufpfleger benötigt.

Zur Hufpflege sollte auf keinen Fall Fett oder Teer verwendet werden, weil diese Stoffe das Hufhorn schädigen können und das Horn austrocknen. Stattdessen ist auf die Sauberkeit und Trockenheit im Stall zu achten. Bei trockener Witterung sollten die Hufe regelmäßig gewässert werden, dazu stellt man die Beine entweder in Eimer oder sucht sich eine Bachfurt, in der die Pferde 10 Minuten stehen. Auf diese Weise bleibt der Huf elastisch und der Abrieb ist nicht so groß.

Warum professionelle Hufpflege?

Die regelmäßige Bearbeitung der Pferdehufe durch den Hufschmied oder den Hufpfleger ist von äußerster Wichtigkeit. Ein zu langes Wachsen der Zehen verursacht vermehrten Druck auf den Trachtenbereich, was zu einer starken Belastung der tiefen Beugesehne sowie der damit verbundenen Hufrolle führt. Eine solche Belastung kann langfristig im schlimmsten Fall zur gefürchteten Hufrollenentzündung führen.

Das Kurzhalten der Zehen erleichtert dem Pferd außerdem das Abrollen der Hufe. Darüber hinaus vermindert man durch eine solche regelmäßige Pflege die Gefahr des Stolperns.

Die Winkelung des Hufes sollte in der Regel zum Fesselstand passen. Auch als Laie kann man ein eventuell auftretendes Missverhältnis der Winkelung erkennen. Eine spitze Winkelung des Hufes ist jedoch in jedem Fall zu vermeiden.

In der Regel beträgt der Abstand zwischen den Besuchen des Hufpflegers oder Hufschmieds etwa sechs bis acht Wochen. Im Einzelfall hängt dies vom Wachstum der Hufe und von der Stellung der Gliedmaßen ab.

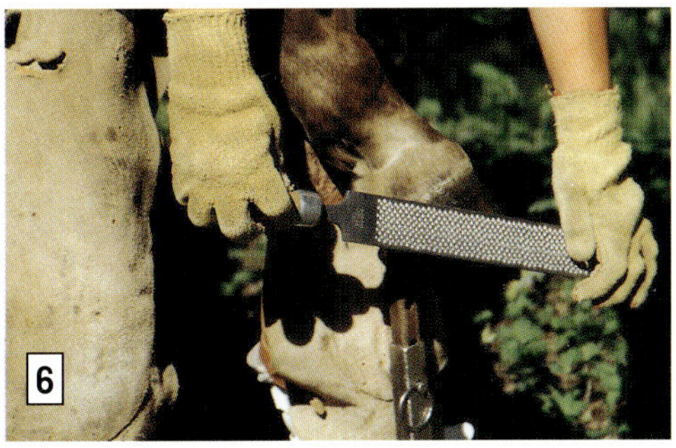

1
Der Huf vor der Bearbeitung – der Tragerand steht deutlich über.

2
Die Hufwinkelung wird vor und nach der Hufpflege gemessen, um zu große Abweichungen zu vermeiden.

3
Mit einer Abnehmzange wird der überstehende Tragrand abgeknipst.

4
Das Hufmesser dient zum Säubern des Strahls und zum Nachziehen der Eckstreben.

5
Nachdem der Huf von unten plan geraspelt wurde, wird die Wand von außen bearbeitet.

6
Die feine Seite der Raspel sorgt für den letzten Schliff.

7
So sieht der Huf nach einer gründlichen Hufpflege aus.

Gesundheit

Allgemeine Vorsorge

Für das Wohlbefinden des Pferdes sind verschiedene Grundvoraussetzungen zu erfüllen:
Regelmäßige Wurmkuren, die ungefähr vier Mal im Jahr verabreicht werden sollten, verhindern eine zu starke Verwurmung, was sonst zu Koliken, Gewichtsverlust, Infektionsanfälligkeit, stumpfem Fell und Mattigkeit führen kann. Solche Wurmkuren können beim Tierarzt erworben werden und es ist darauf zu achten, dass ein Wirkstoffwechsel stattfindet.

Bei unerklärlichen Beschwerden sollte man immer einen Tierarzt rufen.

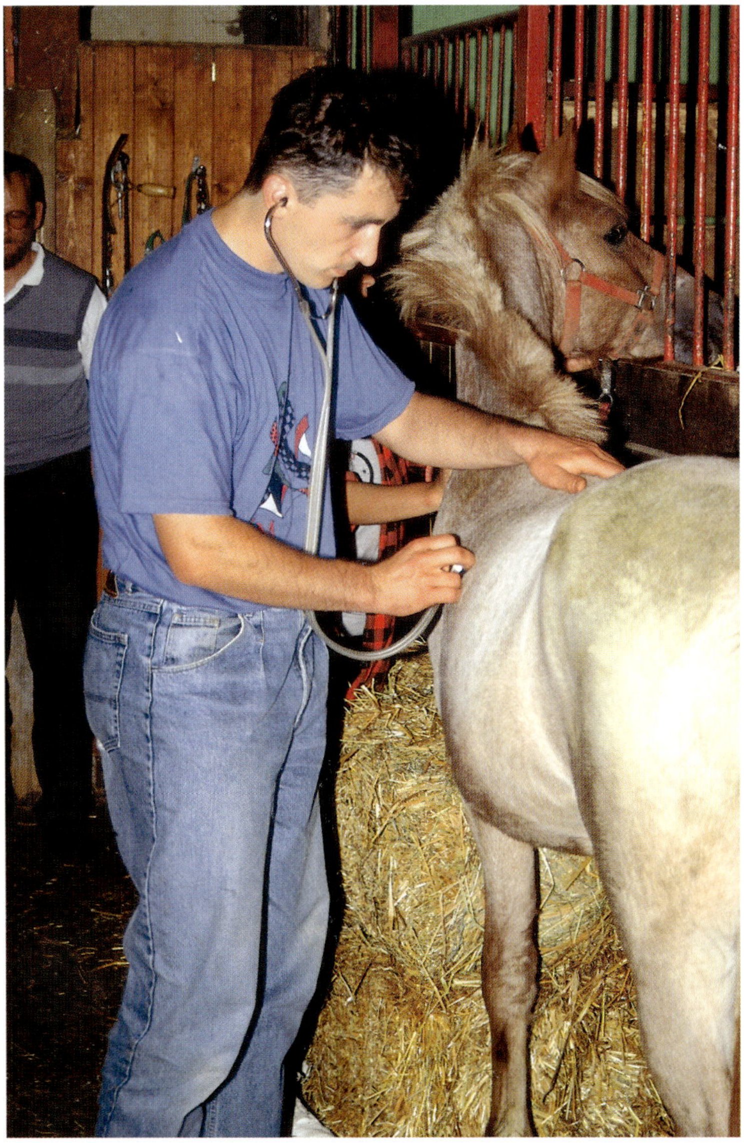

Impfungen sind nur in begrenztem Maße sinnvoll. Unabdingbar ist eine Tollwutimpfung, da ein nicht geimpftes Pferd, beim Auftreten von Tollwut in der Nähe, beschlagnahmt werden kann. Auch Tetanusimpfungen werden von den Tierärzten empfohlen, da Pferde für Wundstarrkrampf besonders anfällig sind. Andere Impfungen, wie etwa gegen Influenza, sind inzwischen umstritten, da bei der Vielzahl von Erregern eine umfassende Impfung nicht möglich ist. Außerdem sind die möglichen Nebenwirkungen solcher Impfungen nicht zu unterschätzen. Nach der Grundimmunisierung wird gegen Tetanus alle zwei Jahre und gegen Tollwut jährlich geimpft.
Auch das Gebiss sollte regelmäßig überprüft werden. Dies macht man am besten beim Fressen. Wenn beim Fressen beispielsweise vom Hafer viele Körner wieder aus dem Pferdemaul fallen, könnte dies ein Hinweis darauf sein, dass die Zähne Haken gebildet haben. Gutes und gründliches Kauen der Nahrung ist wichtig für eine gute Verdauung. Wenn allerdings solche Haken das Kauen behindern, dann muss der Tierarzt oder eventuell der Hufschmied die Haken mit einer Feile entfernen.
Grundregel: Voller Bauch galoppiert nicht gerne! Wenn also ein Pferd eine große Mahlzeit gefressen hat, muss man es einige Zeit danach ruhen und verdauen lassen, bis man das Tier belasten kann.
Beim Losreiten sollte das Pferd mindestens 15 Minuten im Schritt abgeritten werden, bevor zu schnelleren Gangarten übergegangen wird. Diese Zeit benötigt das Pferd, damit sich ausreichend „Gelenkschmiere" bildet; dies trägt außerdem zur Schonung der Gelenke bei.
Vor allem im Trab und im Galopp achtet man darauf, dass keine schnellen

Tempowechsel auftreten, sondern immer längere Einheiten geritten werden. Das schont die Pferde und macht sie nicht „heiß".
Wenn unterwegs die Möglichkeit besteht, das Pferd in flaches Wasser zu stellen, so sollte man dies unbedingt für etwa 10 Minuten nutzen. Das ist gut für die Sehnen und für die Elastizität der Hufe. Auf dem Heimweg legt man eine längere Schrittphase ein, um das Tier trocken zu reiten. Wenn es nicht gelingt, das Pferd bis zum Stall trocken zu reiten, kann es beispielsweise mit einem Bündel Stroh trocken gerieben werden. Ebenso wichtig ist es, das verklebte Fell gründlich auszubürsten (Erkältung!).

Stallapotheke

Es ist sinnvoll, eine Stallapotheke anzulegen, da Pferde sich jederzeit verletzen können. In den meisten Fällen kann man bei leichteren Verletzungen durchaus zur Selbsthilfe greifen. Bei der Zusammenstellung einer Stallapotheke berät der Tierarzt.
Was in keinem Stall fehlen sollte, sind so genannte Notfalltropfen (Bachblüten). Sie kommen zum Einsatz, wenn Pferde in Panik geraten oder Stresssituationen (Transport, Tierarzt) ausgesetzt sind.
Beim Anlegen von Verbänden an den Gliedmaßen ist es sehr wichtig, dass für eine ausreichende Wattierung gesorgt wird. Es kann sonst sehr schnell zum Absterben von Gewebe kommen. Der Verband wird über das folgende Gelenk angelegt und bei höher reichenden Verbänden wird in zwei Teilen verbunden, das heißt ein Verband von unten, über dem dann der zweite Verband angelegt wird. Die Verbände sollten nicht zu lange ohne tierärztliche Überprüfung angelegt bleiben.

Die halbwild lebenden Dülmener Pferde sind weit weniger anfällig für Krankheiten als hochgezüchtete Stallpferde.

Krankheiten

Die folgenden Krankheiten treten bei Pferden häufig auf. Um die Gesundheit des Pferdes zu beobachten, solltet ihr auf die beschriebenen Anzeichen und die Veränderungen im Verhalten eures Pferdes achten und bei deren Auftreten unbedingt einen Tierarzt hinzuziehen.

Kolik

Trotz seiner beachtlichen Körpergröße besitzt das Pferd nur einen kleinen Magen. Sein Fassungsvermögen liegt zwischen 10 und 15 Litern. Zum Vergleich fasst der Magen eines erwachsenen Menschen etwa 2,5 bis 3 Liter. Der Magen des Pferdes ist einhöhlig, das bedeutet, es ist nur eine Magenkammer vorhanden. Im Unterschied zu den Wiederkäuern, wie etwa den Kühen, verhindert beim Pferd ein starker Ringmuskel am Mageneingang, dass der Mageninhalt zurück in die Speiseröhre gelangen kann. Dieser Umstand ist der Grund dafür, dass ein Pferd sich nicht erbrechen kann, eher kommt es zu einem Riss des Magens.

Eine Kolik ist keine Krankheit an sich, sondern ein Symptom für Störungen sowohl des Magen- Darmbereichs, der Leber, des Bewegungsapparats sowie ein Hinweis für das Auftreten von Infektionskrankheiten. Eine Kolik äußert sich zum Beispiel durch Unruhe, Fressunlust, häufiges Liegen, nach dem Bauch schauen und treten, scharren, schwitzen, Harn- und Kotverhalten.

Die häufigsten Ursachen für eine Kolik können sein: Aufnahme von giftiger Nahrung, Magenüberladung, Aufnahme von kaltem Wasser bei Erhitzung, Infektionen, kalter Wind oder Wetterwechsel bei empfindlichen Pferden.

Erste Massnahmen: Man hindert das Pferd daran, sich hinzulegen, indem man es führt und in Bewegung hält. Das Tier sollte warm gehalten werden (eingedeckt) und für den Fall, dass es sich trotz alldem hinwirft, sollte der Untergrund weich sein. Auch eine Ohrenmassage hat sich bei der Behandlung von Koliken bewährt. In jedem Falle ist der Tierarzt zu verständigen.

Hufrehe

Bei der Hufrehe handelt es sich um eine Entzündung der Huflederhaut. Die Huflederhaut schwillt infolge der Entzündung stark an und löst sich im Wandbereich von der Hufkapsel. Als Folge davon kann es zu einer Absenkung des Hufbeins kommen. Im schlimmsten Fall bricht das Hufbein

Ein dösendes Pferd – nur im Falle einer Kolik kann es gefährlich werden, wenn das Tier sich hinlegt.

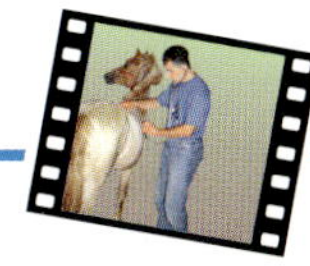

durch die Sohle hier kommt meist jede Hilfe zu spät.
Erkennbar ist die Hufrehe vor allem an der Haltung des Pferdes. Die betroffenen Gliedmaßen, in der Regel sind es die Vordergliedmaßen, werden sehr auffällig nach vorne gestellt. Das Pferd hat erkennbar Schmerzen und versucht, die betroffenen Gliedmaßen nicht zu belasten.
Die Ursachen für diese Krankheit sind vielfältig. Es kann sich zum Beispiel um eine Vergiftung, entweder durch die Aufnahme von giftigem Futter (schimmliges, verdorbenes Futter oder Giftpflanzen) oder Nachgeburtsverhalten handeln. Letzteres kann bei der Fohlengeburt vorkommen, wenn die Nachgeburt nicht innerhalb von zwei Stunden abgegangen ist.
Von einer Pflasterrehe spricht man, wenn die Rehe nach langandauernder Bewegung auf hartem Boden z. B. Asphalt oder Pflaster auftritt. Diese Art der Rehe kommt vor allem bei Kutschpferden vor.
Die Belastungsrehe tritt auf, wenn ein Vorderbein erkrankt ist und dadurch das andere Bein stärker belastet wird. In diesem Fall kann an dem eigentlich gesunden Bein eine Belastungsrehe auftreten.
Meist tritt die Rehe als Folge von falscher Fütterung auf. Zuviel Eiweiß im Futter stellt vor allem für Ponys und leichtfuttrige Pferde eine Gefahr für die Erkrankung an Hufrehe dar.
Erste Maßnahmen: Abstellen der Ursache, unbedingt einen Tierarzt rufen, am besten stellt man das Tier auf weichen Untergrund und kühlt die Beine bei sachter Bewegung. Optimal ist es, wenn ihr das Tier in ein Gewässer stellen könnt.

Hufrollenentzündung (Podotrochlose)
Diese Erkrankung der Hufrolle (siehe Abbildung) führt zu einer Schädigung der tiefen Beugesehne sowie des Strahlbeins samt des dazugehörigen Schleimbeutels. Ein Pferd mit Hufrollenentzündung zeigt einen klammen Gang, neigt zu Zehenspitzenfußung und stolpert häufig. Es kann zu einer verstärkten Zehenabnutzung kommen und dem häufigen Vorstellen eines Fußes im Stand.
Zu den Ursachen zählt eine Überbeanspruchung (zum Beispiel beim Springreiten) und ungenügendes Warmreiten sowie zu flache Hufe (zu niedere Trachten und zu lange Zehen) und Vererbung.
Erste Maßnahmen: Der Tierarzt kann zusammen mit dem Hufschmied oder dem Hufpfleger für eine Entlastung der Hufrolle sorgen. Die chronische Hufrollenerkrankung ist eine Verschleißerscheinung und nicht heilbar.

Pferde, die auf einer Weide gehalten werden, sind weniger anfällig für Krankheiten und auch ausgeglichener.

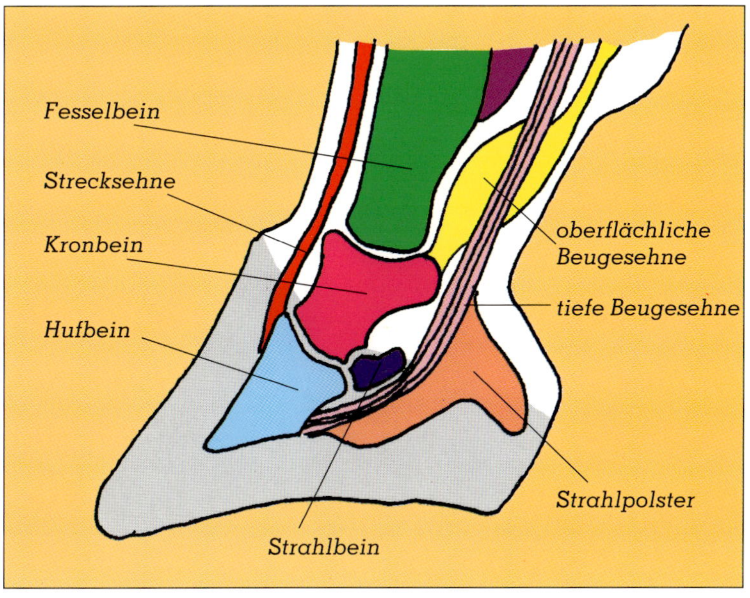

Ekzeme (Mauke, Sommerekzem)

Ekzeme sind Hautausschläge auf tiefen oder oberflächlichen Bezirken der Haut, die akut oder chronisch sein können. Ekzeme können überall auf der Pferdehaut auftreten. Häufig sind sie von starkem Juckreiz begleitet. Die Ursachen sind in der Regel allergische Reaktionen etwa auf Mücken, Schmutz oder Nässe.

Erste Maßnahmen: Je nach Ursache sorgt man für Sauberkeit im Stall, für Fliegenschutz und hält zur Vorbeugung vor Mauke die Fesselbeugen trocken. Nach Ansicht vieler Tierärzte kann das Auftreten von Mauke auch ein Hinweis auf zu große Eiweißgaben im Futter sein.

Die beste Vorsorge ist die dauernde Beobachtung der Pferdehaut, im Falle der Mauke müssen die Fesselbeugen laufend kontrolliert werden. Sobald schuppige Hautveränderungen auftreten, sollte sofort ein Tierarzt zu Rate gezogen werden, um eine Ausbreitung des Ausschlags zu verhindern. Bei starkem Maukebefall geht ein Pferd lahm und kann nicht mehr geritten werden.

Kreuzverschlag

Diese Art Lähmungserscheinung entsteht durch die Zersetzung von Muskelgewebe in der Kruppe. Normalerweise haben die Pferde einen klammen Gang (verkrampft, unlocker), eine steife Hinterhand und die Kruppen- und Rückenmuskulatur ist bretthart. Die Ursache ist in der Regel, dass ein trainiertes Pferd bei intensiver Fütterung eine ein- oder mehrtägige Ruhepause hat. Daher auch der Name „Feiertagskrankheit".

Erste Maßnahmen: das Pferd sollte nicht mehr bewegt werden, auch wenn diese Symptome während eines Ausritts auftreten. Frühestens nach zwei Stunden ist ein Führen oder der Abtransport mit dem Hänger möglich. Der gesamte Lendenbereich sollte warmgehalten werden (eindecken und eventuell warme Auflagen). Sofort den Tierarzt verständigen!

Spat

Hierbei handelt es sich um eine Arthrose am Sprunggelenk. Oft gehen Lahmheit oder Bewegungsstörungen an den hinteren Gliedmaßen damit einher. Das Gelenk ist warm und es kann zu Knochenauftreibungen an der Innenseite des Gelenks kommen. Die Ursachen können fehlerhafte Gliedmaßenstellung, eine zu frühe Belastung des jungen Pferdes und Vererbung sein.

Maßnahmen: Die Pferde sollten keine engen Wendungen (Volte, Zirkel) reiten. Auch Longenarbeit darf nur in begrenztem Umfang betrieben werden. Der Tierarzt sollte hinzugezogen werden. Er kann zusammen mit dem Hufschmied oder dem Hufpfleger für eine Schonung des Sprunggelenks sorgen. Eine Heilung dieser Krankheit ist nicht möglich.

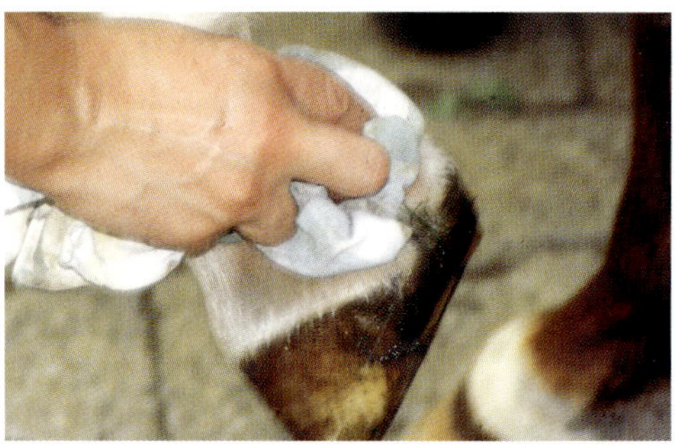

Das sorgfältige Abtrocknen der Fesselbeuge beugt einer Maukeerkrankung vor.

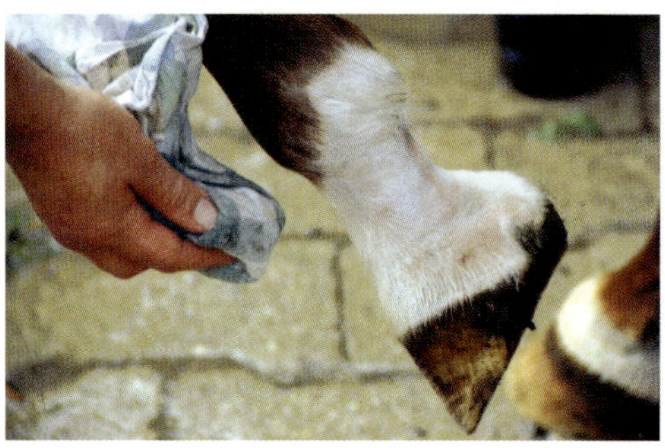

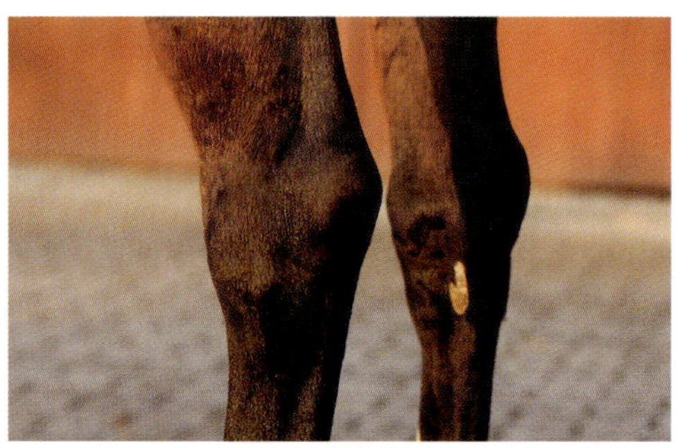

rechts: Spat kann in Form von Knochenauftreibungen an den Innenseiten der Sprunggelenke von außen sichtbar sein. Hier ist keine Erkrankung festzustellen.

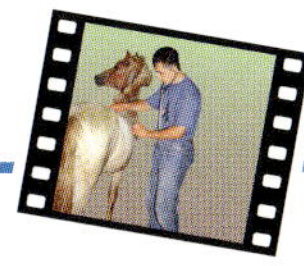

Giftige Pflanzen

Sumpfdotterblume

Goldregen

Schwarzes Bilsenkraut

Ein Pferd, das den Weidegang gewöhnt ist und dem genügend Futter zur Verfügung steht, ist in der Lage, giftige von verträglichen Pflanzen zu unterscheiden. Mit Hilfe seines Geruchs- und Tastsinns sucht es geeignete Futterpflanzen. Deshalb sind vor allem Pferde gefährdet, die nicht artgerecht gehalten werden und sich – wenn sich die Möglichkeit bietet – gierig auf „alles Grüne" stürzen. Es sind Fälle bekannt, dass Turnierpferde am Auslauf eines Reitplatzes unbeaufsichtigt von Buchsbaumhecken fraßen und verendeten. Von allen Tierarten ist das Pferd am empfindlichsten für die giftige Eibe. Schon hundert bis zweihundert Gramm dieser Nadel wirken tödlich.

Die hier abgebildeten Pflanzen können natürlich nur eine Auswahl sein. Als weitere giftige Pflanzen gelten zum Beispiel: Schierling, Akazie, Wacholder, Frühlings- und Sommer-Adonisröschen, Liguster, Maiglöckchen, Hyazinthen, Lupinen und Schöllkraut.

Herbstzeitlose

Bingelkraut

Tollkirsche

Futter

In der Natur verbringt ein Pferd mehr als die Hälfte seines Lebens mit Fressen.

Das Pferd ist in der freien Natur oder auf der Weide 12 bis 18 Stunden täglich mit der Nahrungsaufnahme beschäftigt. Das bedeutet, dass es über den ganzen Tag verteilt kleine Futtermengen zu sich nimmt, was wiederum mit seinem relativ kleinen Magen zusammenhängt. Dabei bewegt sich das Pferd langsam und stetig vorwärts, was ebenfalls wichtig für die Verdauung ist. Wenn ein Pferd zu fressen aufhört, dann kaum, weil es gesättigt ist, sondern eher, weil es müde ist.

Ponyrassen, die meist kargen Gegenden entstammen und gute Futterverwerter sind, können sich an zu reichhaltigem Futter regelrecht zu Tode fressen. Es ist besser, einem Pferd täglich mehrere kleine Mahlzeiten als wenige große Mahlzeiten zu geben. Die Ernährung sollte ausgewogen sein: Es muss unter anderem auf den Gehalt an Rohfaser, Eiweiß sowie Vitaminen und Mineralstoffen geachtet werden. Dabei ist es wichtig, dass für jedes Pferd die passende Futterration genau errechnet wird. Auskünfte über die richtige Futterzusammenstellung erhaltet ihr zum Beispiel beim Züchter oder beim Tierarzt. Wichtig ist die gute Futterqualität, so dürfen Heu und Stroh nicht schimmelig sein und auch das Kraftfutter sollte keine Verunreinigungen aufweisen. Als schmackhafte Beigabe schätzen Pferde Karotten, Rote Beete und Äpfel. Diese eignen sich auch gut als eine „gesunde" Belohnung im Gegensatz zum oftmals verwendeten Zuckerstückchen.

Stroh dient nicht nur zum Einstreuen, sondern gilt auch als wichtiger Rohfaserlieferant bei der Fütterung.

Heu

Das Heu sollte vom ersten Schnitt stammen, der Anfang bis Mitte der Blütezeit erfolgt. Es sollte nicht verregnet und gut getrocknet sein und mindestens sechs Wochen lagern vor der Verfütterung. Gutes Heu erkennt man an der kräftigen Farbe und dem würzigen Geruch und seiner Grobfaserigkeit. Es darf nicht zu fein sein, denn dann besteht es aus zu jungem, stark eiweißhaltigem Gras mit geringem Rohfasergehalt, was wiederum für die Verdauung nicht vorteilhaft ist. Ist das Heu sehr grob, so handelt es sich um altes Gras, das nur wenig Nährwert hat und einen hohen Rohfaseranteil besitzt.

Eine Faustregel besagt, dass pro Pferd 1 Hektar Weidefläche benötigt wird. Weil das aber selten zur Verfügung steht, muss auch während der warmen Jahreszeit oft mit Heu zugefüttert werden.

Mineralfutterzusätze

Je nach Futtermitteln wird die Beigabe von Mineralfutter notwendig. Aus dem Beipackzettel geht hervor, in welchen Zusammensetzungen die jeweiligen Vitamine und Mineralstoffe enthalten sind. Deshalb kann man sich das Mineralfutter nach individuellem Bedarf auswählen.
Mineralfutter gibt es in Form von Pellets, Briketts oder als Pulver. Da Pferde oft wählerisch sind, ist es vor dem Kauf einer größeren Menge sinnvoll, zu testen, ob das Pferd das ausgewählte Futter auch frisst.

Salzleckstein

Ein Pferd sollte immer einen Salzleckstein zur Verfügung haben. Das gilt sowohl im Stall als auch auf der Weide, damit das Tier seinen Salzbedarf jederzeit decken kann.

Getreidesorten

Getreidefutter dient als Energielieferant. Bei der Verfütterung von Getreide muss auf jeden Fall auf ausreichend Mineralfutterzusätze geachtet werden. Die verbreitetste Kraftfuttersorte ist der Hafer, der in der Regel ungeschrotet verfüttert werden kann. Die Gerste hat einen höheren Energiegehalt als Hafer, muss allerdings vor der Verfütterung entweder gewässert oder geschrotet werden. Auch der energiereiche Mais wird geschrotet eingesetzt. Weizen und Roggen sind für die Pferdefütterung weniger geeignet, denn ihr hoher Klebereiweißanteil kann im Magen zu Verklumpungen führen. Leinsamen muss gekocht werden, weil er Blausäure enthält, ist aber ansonsten ein gutes Zusatzfuttermittel in kleinen Mengen, speziell für die Verdauung und die Zeit des Fellwechsels.

links: Der freie Zugang zu frischem Wasser und einem Salzleckstein sollte dem Pferd immer möglich sein.

rechts: Das verfütterte Getreide darf keine Verunreinigungen enthalten.

Trockenrübenschnitzel

Bei der Verfütterung von Trockenrübenschnitzeln ist darauf zu achten, dass dieses Futter vorher ausreichend gewässert wurde. Wenn sich die Schnitzel nämlich erst im Schlund vollsaugen und ausdehnen, kann es zu der gefürchteten Schlundverstopfung kommen. Aus diesem Grund ist es auch unbedingt ratsam, dieses Futtermittel für Pferde unzugänglich aufzubewahren.

Mineralfutterzusatz in Pelletform dient als Ergänzung zur Getreidefütterung.

Wasser

Pferde im Stall und auf der Weide sollten jederzeit den Zugang zu frischem Wasser haben. Denn wenn beim Fressen zu wenig Wasser zur Verfügung steht,kann es leicht zu Verstopfungen kommen. Die ideale Wassertemperatur beträgt ca. 10° C.

Pellets

Zahlreiche Kraftfuttersorten, aber auch Gras, werden auch in gepresster Form als sogenannte Pellets angeboten. Ebenso ist Mineralfutter als Pulver oder gepresst erhältlich.

Verdauung und Ausscheidung

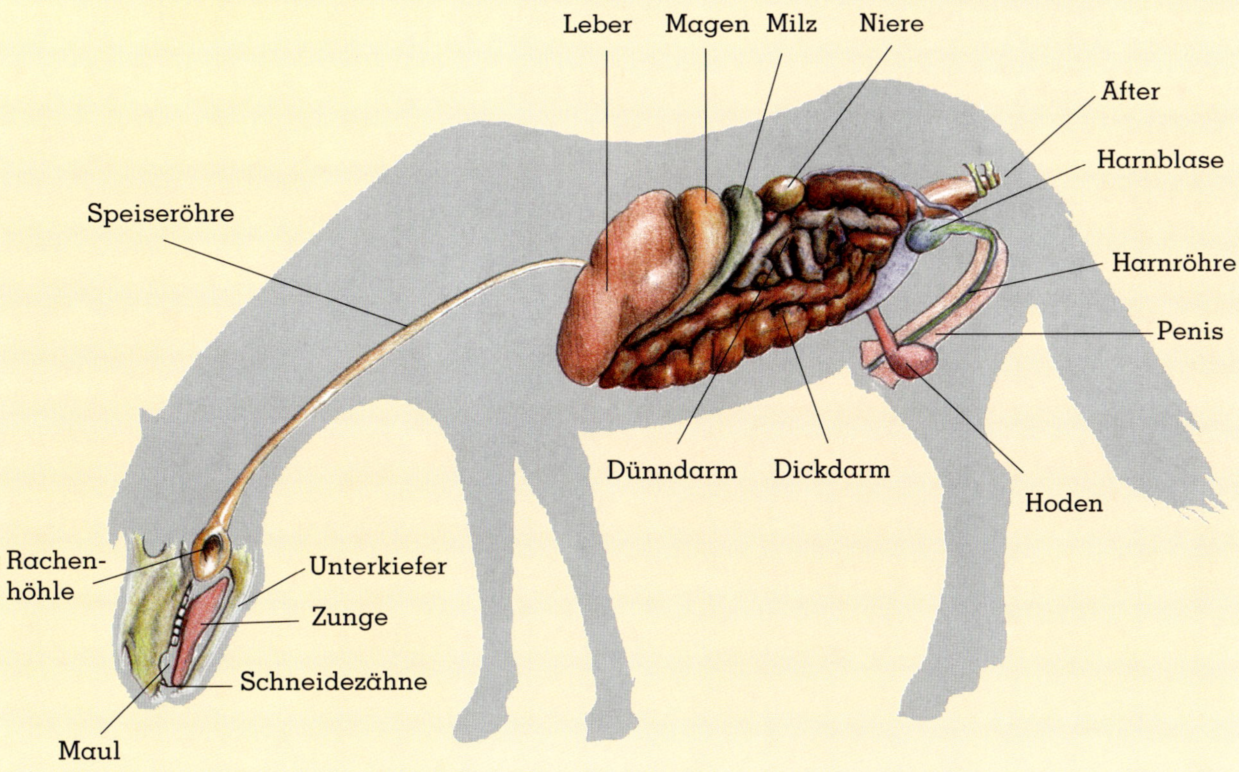

Pferde verstehen

Durch gegenseitiges Beschnuppern nehmen Pferde Kontakt zueinander auf.

Die Körpersprache der Pferde

Die Körperhaltung, die Schnauze, die Ohren und auch der Schweif drücken beim Pferd seine Stimmungslage aus. Diese Signale spielen vor allem eine wichtige Rolle im Verhalten in der Herde unter Artgenossen, sie geben Auskunft über die Rangordnung.

Pferde sind in der Lage, selbst durch geringe Spannungsänderungen der Muskulatur ihren Artgenossen mitzuteilen „wie Pferd drauf ist". Diese Fähigkeiten übertragen Pferde natürlich auch auf den Menschen, der sich mit ihnen beschäftigt, das heißt sie reagieren auf vielfältige Körpersignale. Das ermöglicht uns eine Verständigung mit diesen Tieren.

Durch auffällige Kaubewegungen signalisiert dieses Ponyfohlen seine Unterwerfung gegenüber dem erwachsenen Tier.

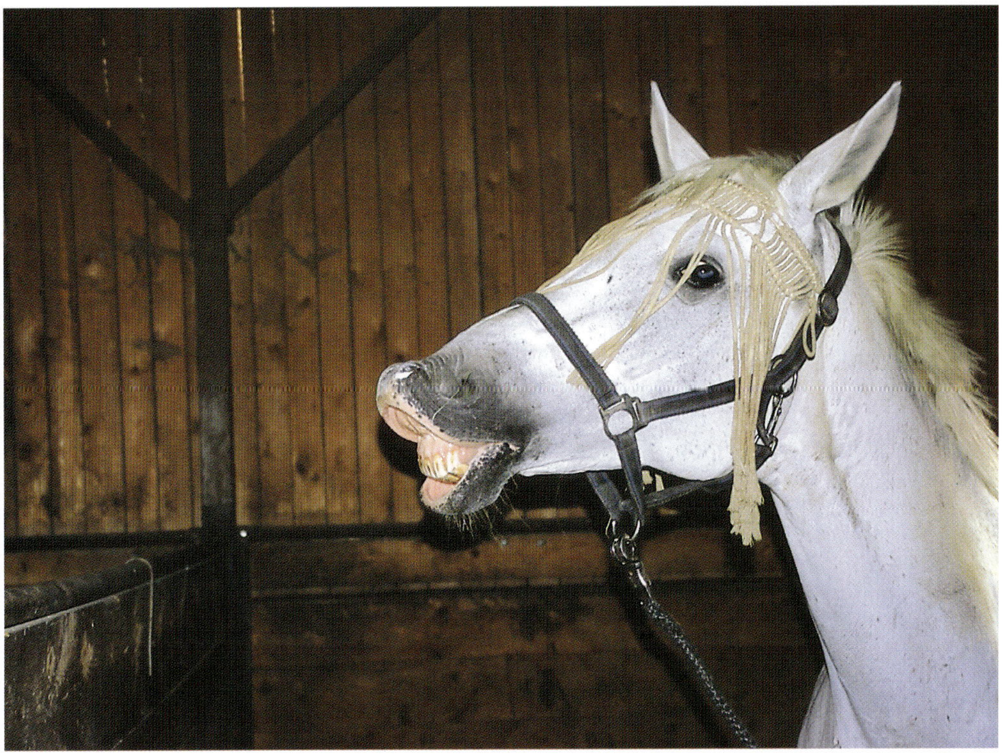

Das Flehmen, aufgestülpte Oberlippe bei geschlossenem Maul und erhobenem Kopf, zeigen Pferde bei der Wahrnehmung scharfer Gerüche wie Tabak oder Parfüm. Hengste zeigen diese Gebärde bei der Witterung von rossigen Stuten.

Durch das gute Gehör des Pferdes und durch seine Fähigkeit, Geräusche zu orten, spielt die Verständigung durch Laute unter Pferden eine große Rolle. Am auffälligsten ist dies beim Verhalten von Mutterstute und Fohlen, die sich durch gegenseitiges Rufen verständigen. Lautäußerungen drücken die Stimmungslage des Pferdes aus, zum Beispiel Brüllen,

Das Gähnen hat beim Pferd ähnliche Ursachen wie beim Menschen. Auffallend häufiges Gähnen kann auf eine Kreislaufschwäche hindeuten.

Eng angelegte Ohren, verbunden mit unwilligem Kopfschlagen; ein solches Verhalten mahnt zur Vorsicht. Es handelt sich um eindeutige Drohgebärden.

Schnauben, Wiehern, Brummeln oder Quietschen. Deshalb kann sich auch der Mensch dem Pferd mit Hilfe der Stimme mitteilen.

Ist ein Tier hoch in der Rangordnung, so genügt es meist, die anderen durch Drohgebärden daran zu erinnern. Rangniedere Tiere beißen und treten häufiger. Ein auffälliges Verhalten sieht man auch oft bei Fohlen und Jungtieren, die bei vorgestrecktem Kopf deutliche Kaubewegungen zeigen und damit gegenüber den ausgewachsenen, höherrangigen Tieren ihre Unterwürfigkeit demonstrieren.

Beim Beobachten einer Pferdeherde kann man herausfinden, welche Rangordnung besteht. Die hierbei ausgesendeten Signale sind es auch, die das Pferd dem Menschen gegenüber verwendet, um seine Stimmung auszudrücken.

Eine große Lipizzanerherde, bestehend aus Mutterstuten und ihren Fohlen. Man erkennt deutlich die noch dunkel gefärbten Jungtiere in der Bildmitte.

Den Geschmack von rostendem Metall scheinen Pferde zu mögen. Deshalb bestehen zum Beispiel viele Westerngebisse aus dem so genannten „sweet iron", also rostendem Metall. Dies soll die Pferde zum Kauen anregen.

Normalerweise versucht man, dem Pferd auch auf der Weide und in der Stallhaltung Möglichkeiten zu bieten, seine angestammten Verhaltensweisen auszuüben. Dazu gehört beispielsweise, Pferde immer in der Gruppe oder Herde zu halten. Nur so ist gewährleistet, dass sie in der Auseinandersetzung mit Artgenossen lernen können, sich in die Gruppe einzuordnen.

Der Mensch ist leider selten in der Lage, sich dem Pferd gegenüber als Ranghöherer durchzusetzen. Denn nur wenn der Reiterin oder dem Reiter gelingt, das Verhalten der Pferde untereinander zu verstehen, kann man mit seinem eigenen Verhalten eine Basis für gegenseitiges Vertrauen schaffen. Allerdings ist es dabei grundlegend wichtig, sich von Pferden nicht „den Rang ablaufen zu

Das Wälzen dient der Körperpflege und wird oft und gerne betrieben. – Nicht immer zur Freude des Reiters, etwa bei matschigem Untergrund.

Pferde sind zu unglaublichen Verrenkungen in der Lage, wenn es gilt, sich an einer juckenden Stelle zu kratzen.

lassen", das heißt, das Pferd muss in der Rangordnung unter dem Reiter stehen. Falschverstandene Tierliebe kann hierbei zu „schwierigen" Pferden führen, die alles andere als umgänglich sind. Nur mit viel Zeitaufwand und Mühe gelingt es Pferdetrainern aus solchen Problempferden wieder verlässliche Reitpferde zu machen.

Die Ohren aufgestellt und mit wachen Augen zeigt sich dieses Warmblut in Alarmbereitschaft.

Hengstkampf

Im Vergleich zu den Rangeleien der Stuten, die zur Festlegung der Hierarchie in der Herde dienen, sind die Auseinandersetzungen der Hengste ungleich spektakulärer. Was im Jugendalter noch spielerisch einstudiert wird, kann bei konkurrierenden Althengsten zu gefährlichen Situationen führen.

Haltungsformen

Diese Gitterboxen bieten wenigstens ein Fenster zum Hinausschauen. Die Pferde haben nicht nur Gitterstäbe vor Augen.

Boxenhaltung

Die „pferdeunfreundlichste" Unterbringung stellt die Gitterboxenhaltung dar. Die Gitterbox bietet dem Pferd keine ausreichende Bewegungsfreiheit und verhindert soziale Kontakte zu den Artgenossen. Auch fehlt die Möglichkeit zur ständigen Nahrungsaufnahme, denn die Fütterung findet meist mit drei großen Mahlzeiten am Tag statt. Dies führt in der Regel zu Langeweile, die sich in Form von Verhaltensauffälligkeiten äußern kann. Dazu zählen unter anderem das Koppen, das Weben und das Kopfschlagen.

Wesentlich besser: die Außenbox, die durch den Blick nach draußen Abwechslung bietet.

Beim Koppen unterscheidet man das Krippensetzen und das Freikoppen. Als Krippensetzen bezeichnet man den Vorgang, wenn das Pferd mit auf dem Rand der Futterkrippe oder einem Pfosten aufgelegten Vorderzähnen Luft schluckt und in den Magen presst. Dies führt dazu, dass solche Pferde meist einen aufgeblähten Bauch haben. Sie neigen in diesem Zustand verstärkt zu Koliken und magern unter Umständen ab. Als Freikoppen bezeichnet man das Schlucken von Luft ohne irgendwelche „Hilfsmittel".

Unter Weben versteht man das ständige Hin- und Herwiegen von Kopf und Hals oder auch des ganzen Vorderkörpers, indem das Gewicht von einem auf den anderen Vorderfuß verlagert wird. Das Weben schädigt auf Dauer die Beine.

Das Kopfschlagen äußert sich durch ständiges Auf- und Abschlagen des Kopfes.

Oft haben Pferde, die ausschließlich in einer Gitterbox gehalten werden, zu wenig Kontakt mit Sonnenlicht, das für eine gute Gesundheit unerlässlich ist.
Pferde in Boxenhaltung müssen intensiver geputzt werden, als ihre Artgenossen auf der Weide, denn durch den fehlenden Kontakt zu anderen Pferden fehlt natürlich die gegenseitige Fellpflege.
Eine etwas pferdefreundlichere Form der Boxenhaltung stellt die Außenbox dar, denn hier hat das Pferd die Möglichkeit, die Umgebung seines Stalles zu beobachten und eventuell auch Kontakt zu seinen Pferdenachbarn aufzunehmen.
Die beste Form der Boxenhaltung ist sicherlich die Außenbox mit anschließendem Paddock, weil das Pferd hier die Möglichkeit hat, sich etwas zu bewegen, sich im Freien aufzuhalten und Kontakt zu Nachbarn aufzunehmen.

Laufstall

Der Laufstall stellt eine Form der Gruppenhaltung dar, bei der mehrere Pferde in einem geräumigen Stall zusammen gehalten werden. Es besteht die Möglichkeit zu sozialen Kontakten und außerdem zu begrenzter Bewegung.

Im Stall mit Paddock entscheidet das Pferd selbst, ob es sich drinnen oder draußen aufhalten möchte.

Offenstall

Der Offenstall ist die beste Form der Pferdehaltung. Hierbei leben Pferde in einem offenen Stallgebäude mit Auslauf und eventuell anschließender Weide zusammen. Bewegungsfreiheit und Kontaktmöglichkeiten stehen dem Pferd hier in ausreichendem Maße zur Verfügung. Auch der Bedarf an viel Frischluft ist bei dieser Haltungsform gewährleistet.

Ein Unterstand auf der Weide schützt die Tiere vor der prallen Sonne.

Ein Fohlen entsteht

Die Zeit der Paarungsbereitschaft bei Stuten, die so genannte Rosse, Hitze oder Brunst, tritt alle drei Wochen auf und dauert sechs bis neun Tage. Die Rosse ist am so genannten „Blitzen" erkennbar; man sieht das daran, dass die Schamlippen gerötet sind und der untere Scheidenwinkel immer wieder ruckartig hochgezogen wird, um Brunstschleim auszuscheiden.

In dieser Zeit kann eine Stute gedeckt werden, das heißt, sie wird mit einem Hengst zusammengebracht. Heutzutage wird häufig auch künstlich mit Gefriersperma besamt. Bei einer solchen Befruchtung wird der Samen beim Hengst künstlich durch einen Tierarzt entnommen und in die Stute eingeführt.

Eine Stute im hochträchtigen Zustand. In diesem Stadium kann man sogar die Bewegungen des Fötus erkennen.

Die Stute begrüßt ihr Neugeborenes. Es dauert kaum eine halbe Stunde, bis das Fohlen auf seinen vier Beinen steht.

Die erste Trächtigkeitsuntersuchung findet zwischen dem 14. und dem 18. Tag, eine zweite Untersuchung am 50. Tag statt. Ist die Stute trächtig, so dauert ihre Trächtigkeit ca. elf Monate. Ein sichtbarer Hinweis auf die bevorstehende Geburt sind die so genannten Harztropfen; das sind kleine Tropfen, die sich am Euter der Stute bilden, wo die Milch auszutreten beginnt. Es ist kaum möglich, eine Fohlengeburt zu beobachten, denn Stuten sind in der Lage, den Geburtstermin selbst zu bestimmen und wählen sich dafür in aller Regel einen ruhigen, unbeobachteten Moment aus. Nur in seltenen Fällen muss bei einer Pferdegeburt ein Tierarzt eingreifen.

Ungefähr zwei Stunden nach der Fohlengeburt muss die Nachgeburt abgegangen sein, sonst ist ein Tierarzt

Stadien der Fohlenentwicklung

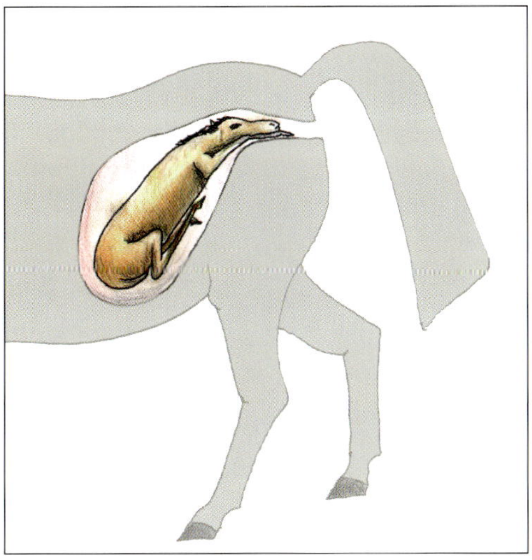

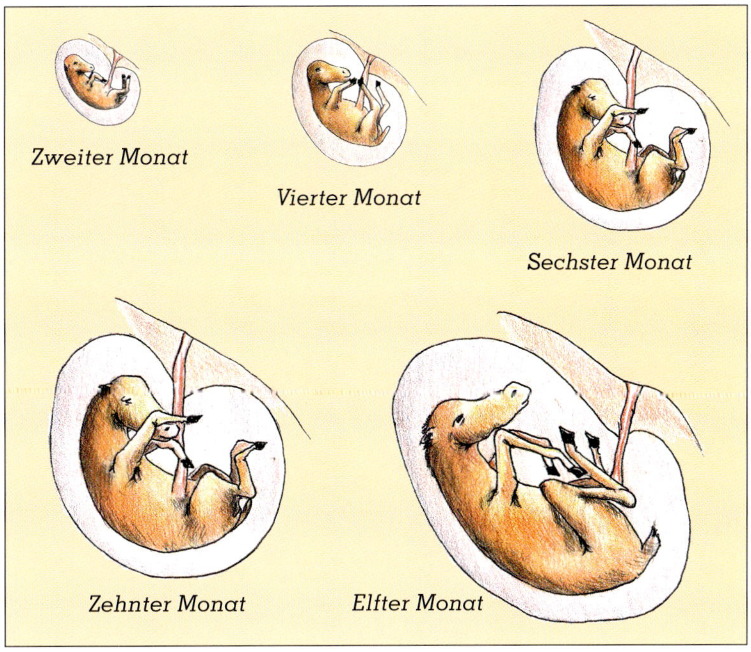

zu benachrichtigen. Schon nach einer halben Stunde steht das Fohlen auf seinen vier Beinen und saugt die erste Muttermilch. Diese erste Muttermilch, die so genannte Kolostral- oder Biestmilch, ist noch nicht weiß, sondern gelblich und schleimig. Sie enthält viele Eiweiße und zahlreiche Antikörper, die das Fohlen vor Infektionen schützen sollen. Vier Monate lang ist das Fohlen auf die Muttermilch angewiesen, da es erst nach dieser Zeit in der Lage ist, selbst Antikörper zu bilden. Nach etwa 6 Monaten wird das Fohlen abgesetzt, das heißt, von der Mutter getrennt. In der Regel verbringt es seine weitere Kindheit auf einer Fohlenweide mit etwa gleichaltrigen Artgenossen. Im Alter von ungefähr drei Jahren beginnt die Ausbildung zum Reit- oder Fahrpferd.

Die Muttermilch ist vor allem in den ersten Monaten sehr wichtig für die Gesundheit des Fohlens.

Selten fotografiert:

Eine Fohlengeburt

Bei der Geburt bahnen die Vorderbeine den „Weg ins Freie"

Dem Kopf folgt dann rasch der restliche Körper nach.

Die Eihaut platzt und entläßt das Neugeborene.

Von der Mutter wird es nun trockengeleckt, wobei auch sein Kreislauf angeregt wird.

Jetzt können die Aufstehbemühungen beginnen.

Nach ungefähr einer halben Stunde kann das Fohlen stehen und zum ersten Mal Milch trinken. Durch das Saugen wird das Abgehen der Nachgeburt gefördert.

Vor dem Kauf sollte das Pferd von einem Tierarzt gründlich untersucht werden.

Pferdekauf

Erste Voraussetzung für den Pferdekauf ist es, herauszufinden, welche Pferderasse am besten zum zukünftigen Reiter passt. Vor allem ist es wichtig, bei der Auswahl die Größe des Pferdes zu beachten, denn ein großer schwerer Reiter passt genausowenig auf ein kleines, zierliches Pferd, wie ein kleiner, leichter Reiter auf ein großes Kaliber. Das Kräfteverhältnis zwischen Pferd und Reiter sollte stimmen, der Reiter sollte dem

Es muss ja nicht gleich ein wilder Mustang sein ...

Pferd gewachsen sein. Andererseits kann ein zu schwerer Reiter einem Pferd auch schaden. Für Kinder und Jugendliche kommen vor allem Ponyrassen oder kleinere Warmblüter und Araber in Frage.

Außerdem geht es darum, was man mit dem Pferd anstellen will, ob Turniere geritten, Fahrsport betrieben, ob damit Westernreiten betrieben werden soll oder ob es sich „nur" um ein reines Freizeitpferd handeln soll. Je nach den Bedürfnissen des Pferdehalters wählt man dann eine Rasse aus, die den Erwartungen am besten entspricht. Auch das Temperament sollte beachtet werden, denn so unterschiedlich die Reiter sind, so verschieden sind auch die Temperamente der Pferde.

Hat man sich für eine Rasse entschieden, dann kann man über den jeweiligen Zuchtverband an Adressen von Züchtern kommen. Es ist riskant, ein Pferd ungewisser Herkunft zu kaufen (z.B. auf Pferdemärkten). Bei der Anschaffung eines Pferdes empfiehlt es sich, einen kompetenten Berater hinzuzuziehen, z.B. den Reitlehrer.

Vor der Kaufentscheidung sollte eine Ankaufsuntersuchung durch den Tierarzt erfolgen. Hierbei wird untersucht, ob das Pferd gesund und ob sein Zustand altersentsprechend ist.

Ob man sich für ein junges Pferd, etwa einen Absetzer, oder für ein bereits ausgebildetes Pferd entscheidet, hängt in der Regel vom eigenen reiterlichen Können ab. Die Ausbildung eines jungen Pferdes erfordert viel Geduld und Sachverstand. Ohne das notwendige Wissen sollte man sich nicht an eine solche Aufgabe machen, denn Fehler, die bei der Ausbildung eines Pferdes gemacht werden, sind später schwer zu korrigieren. Für die verschiedenen Reitweisen gibt es erfahrene Ausbilder, welche die Pferde behutsam und sachverständig trainieren.

Nach erfolgtem Kauf empfiehlt es sich, eine Tierhalterhaftpflichtversicherung abzuschließen. Ein Vergleich der Anbieter lohnt sich, denn die Differenzen in der Leistung und in den Kosten sind beträchtlich. Damit sind Schäden, die vom Pferd verursacht werden, abgedeckt. Die dem

Ein Glückstreffer beim Pferdekauf war die Vollblut Araberstute „Kim".

Bei einem Proberitt kann man herausfinden, ob ein Pferd zu einem passt.

Ob stolzes Warmblutpferd (oben) oder kleines Shetland Pony (unten), das erste eigene Pferd ist doch das schönste.

Reiter entstehenden Schäden sind in der Regel durch eine solche Versicherung allerdings nicht abgedeckt. Sobald jemand anderes das Pferd reitet, etwa bei so genannten Reitbeteiligungen, sollte man sich von demjenigen oder seinen Eltern schriftlich bestätigen lassen, dass er oder sie für etwaige beim Reiten und beim Umgang mit dem Pferd entstehende Schäden selbst haftet. Bei der Unterbringung des Pferdes ist unbedingt darauf zu achten, dass das Pferd möglichst artgerecht gehalten wird. Es sollte ein gut durchlüfteter Stall und genügend Auslauf zusammen mit Artgenossen vorhanden sein. Am besten sucht man sich einen Stall, wo Pferde mit ähnlichem Temperament untergebracht sind, denn es besteht die Gefahr, dass leichtfuttrige Pferde – etwa Araber oder Ponys – in einem Stall mit eher schwerfuttrigen Warmblütern zu eiweißreiches Futter

Checkliste für den Pferdekauf

- ☐ Ankaufsuntersuchung
- ☐ Tierhalterhaftpflicht
- ☐ geeigneter Stall
- ☐ Putzzeug
- ☐ Sattel, Trense, Halfter, Strick
- ☐ Pferdetagebuch, Ordner
- ☐ Impfungen und Wurmkuren
- ☐ Stallapotheke
- ☐ Hufpflege oder Beschlag

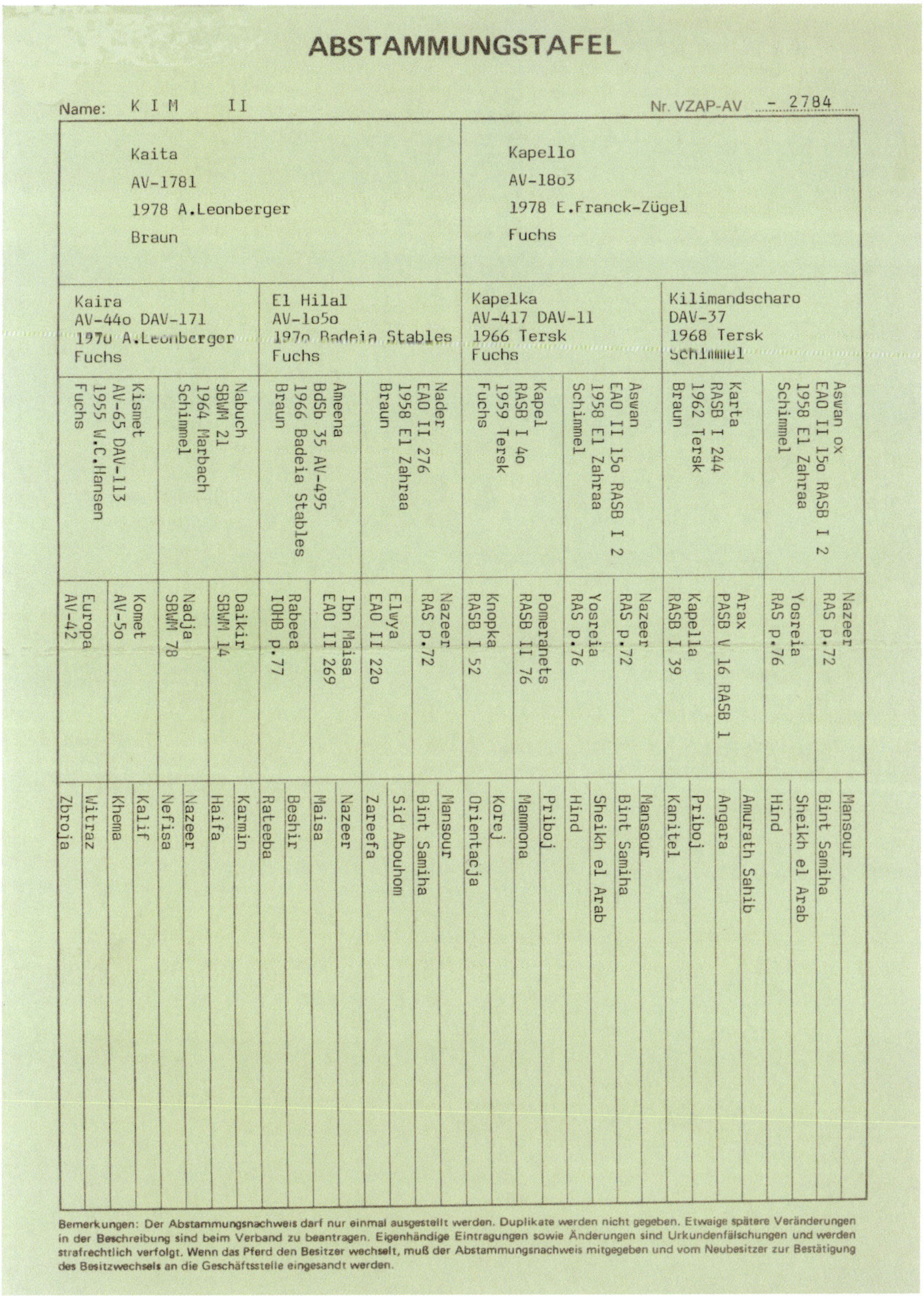

ABSTAMMUNGSTAFEL

Name: K I M II — Nr. VZAP-AV - 2784

Kaita AV-1781 1978 A.Leonberger Braun	Kapello AV-18o3 1978 E.Franck-Zügel Fuchs

Kaira AV-44o DAV-171 197o A.Leonberger Fuchs	El Hilal AV-1o5o 197o Badeia Stables Fuchs	Kapelka AV-417 DAV-11 1966 Tersk Fuchs	Kilimandscharo DAV-37 1968 Tersk Schimmel

Kismet AV-65 DAV-113 1955 W.C.Hansen Fuchs	Nabuch SBWM 21 1964 Marbach Schimmel	Ameena BdSb 35 AV-495 1966 Badeia Stables Braun	Nader EAO II 276 1958 El Zahraa Braun	Kapel RASB I 4o 1959 Tersk Fuchs	Aswan EAO II 15o RASB I 2 1958 El Zahraa Schimmel	Karta RASB I 244 1962 Tersk Braun	Aswan ox EAO II 15o RASB I 2 1958 El Zahraa Schimmel

Europa AV-42	Komet AV-5o	Nadja SBWM 78	Daikir SBWM 14	Rabeea 1OHB p.77	Ibn Maisa EAO II 269	Elwya EAO II 22o	Nazeer RAS p.72	Knopka RASB I 52	Pomeranets RASB II 76	Yosreia RAS p.76	Nazeer RAS p.72	Kapella RASB I 39	Arax PASB V 16 RASB 1	Yosreia RAS p.76	Nazeer RAS p.72

Zbroja	Witraz	Khema	Kalif	Nefisa	Nazeer	Haifa	Karmin	Rateeba	Beshir	Maisa	Nazeer	Zareefa	Sid Abouhom	Bint Samiha	Mansour	Orientacja	Korej	Mammona	Priboj	Hind	Sheikh el Arab	Bint Samiha	Mansour	Kanitel	Priboj	Angara	Amurath Sahib	Hind	Sheikh el Arab	Bint Samiha	Mansour

Bemerkungen: Der Abstammungsnachweis darf nur einmal ausgestellt werden. Duplikate werden nicht gegeben. Etwaige spätere Veränderungen in der Beschreibung sind beim Verband zu beantragen. Eigenhändige Eintragungen sowie Änderungen sind Urkundenfälschungen und werden strafrechtlich verfolgt. Wenn das Pferd den Besitzer wechselt, muß der Abstammungsnachweis mitgegeben und vom Neubesitzer zur Bestätigung des Besitzwechsels an die Geschäftsstelle eingesandt werden.

Der Abstammungsnachweis gibt Auskunft über die Ahnenreihe eines Pferdes.

erhalten. Falsche Fütterung kann nicht nur die Ursache für unerwünschte Temperamentsausbrüche sondern auch für ernsthafte Krankheiten (Hufrehe) sein. Für die Betreuung seines Pferdes sucht man sich einen Tierarzt seines Vertrauens und einen Hufpfleger oder Hufschmied, die sich um das Pferd kümmern.

Es ist sinnvoll, sich einen Ordner anzulegen, worin alle Dokumente aufbewahrt werden können, die das Pferd betreffen, etwa der Abstammungsnachweis, der Kaufvertrag und die Versicherungspolice. Auch das Führen eines Buches, in dem alle Krankheiten und sonstigen Vorkommnisse das Pferd betreffend aufgezeichnet werden, sollte ein Pferdeleben begleiten. Vor allem Wurmkuren und Impfungen können in einem solchen Buch verzeichnet werden.

Pferdeausbildung

Bodenarbeit

Die Vorbereitung auf Sattel und Reiter beginnt bei jungen Pferden im Alter von etwa zwei Jahren. Mit Hilfe der Bodenarbeit wird den Pferden ein Gefühl für den eigenen Körper vermittelt. Als Bodenarbeit bezeichnet man Übungen, bei denen das Pferd mit Hilfe einer Führkette und einer langen Gerte durch einen Parcours mit unterschiedlichsten Aufbauten (Labyrinth oder „L" aus Holzstangen, Autoreifen, Plastikplanen, Wippe oder Brücke) geführt wird. Durch das Lösen von vermeintlich „gefährlichen" Aufgaben, wie etwa das Überqueren einer Plastikplane – für die meisten Pferde ein beängstigendes Hindernis – steigert sich das Selbstbewußtsein des Pferdes und das Vertrauen zum Menschen verbessert sich. Das Pferd erfährt, dass diese Übungen ihm nicht schaden und vermeintliche Gefahren überwindbar sind. Denn das Fluchttier Pferd würde bei den meisten Hindernissen ohne viel Federlesens die Flucht ergreifen. Nur das Vertrauen zum Menschen macht es möglich, das Tier an Neues, Unbekanntes zu gewöhnen.

Sie lernen bei der Bodenarbeit auch, sich auf den Menschen, den späteren Reiter, zu konzentrieren. Dabei üben sie vor allem auch, ihren eigenen Körper gut auszubalancieren, was später das Tragen eines Sattels mit Reiter erleichtert.

Pferde, die vor ihrer Ausbildung im Sattel, bei der Bodenarbeit geschult wurden, tun sich später viel leichter, wenn es um die Arbeit mit Reiter geht.

Bodenarbeit ist nicht nur für junge, noch ungerittene Pferde eine sinnvolle Vorbereitung, sondern diese Übungen können auch für schon ältere bereits erfahrene Reitpferde als zusätzliche Dressur und Gymnastizierung hilfreich sein.

Auch bei Problempferden – etwa Pferden, die sich schlecht Verladen lassen, oder scheuen Tieren – kann die Bodenarbeit sinnvolle Dienste leisten, indem dem Pferd Ängste genommen werden.

Mit Hilfe der langen Gerte zeigt der Ausbilder dem jungen Pferd bei der Bodenarbeit ein Hindernis. Wenn das Tier sich einen fremdartigen Gegenstand genau beschnuppert, verliert es seine Scheu und fasst Vertrauen.

Nicht nur als Wegweiser, auch zur Beruhigung und zum Lob dient die Gerte. Innerhalb der ungewohnten Begrenzung durch das Stangenlabyrinth kommt so keine Panik auf.

Zu den Übungen bei Bodenarbeitskursen zählen auch Massagen, die die einzelnen Körperteile des Pferdes betreffen. Zum Beispiel können Rückenprobleme erkannt und durch Massagen gelindert werden. Allerdings muss natürlich die Ursache von Rückenbeschwerden erkannt und beseitigt werden; unter Umständen sollte auch hier ein Tierarzt hinzugezogen werden.

Durch Massagen wird die Muskulatur des Pferdes und damit auch das Pferd gelockert und gelöst. Außerdem fördern solche Übungen das Körpergefühl des Tieres.

Bodenarbeitskurse werden meist als Wochenendseminare von erfahrenen Ausbilderinnen und Ausbildern angeboten, die man in der Regel mit dem eigenen Pferd besucht.

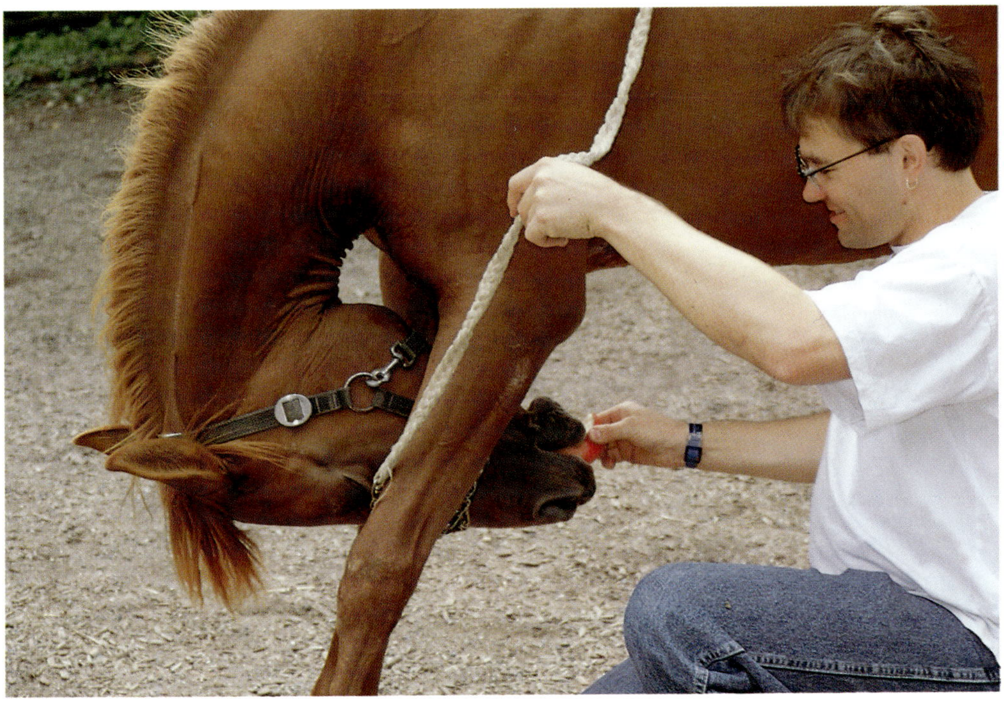

Diese Methode der Fütterung dient zur Gymnastizierung und kann jederzeit angewendet werden.

Longieren

Beim Longieren wird das Pferd an einer etwa zehn Meter langen Leine, der Longe, auf dem Zirkel im Kreis geführt. Der Ausbilder steht dabei in der Mitte, am anderen Ende der Longe, die er in der einen Hand hält, während er mit der Longierpeitsche in der anderen Hand arbeitet. Das Pferd läuft zwischen Longe und Longierpeitsche die drei Grundgangarten Schritt, Trab und Galopp.

Beim Longieren kann das Pferd ausgebunden sein, das heißt zum Beispiel Ausbinder oder Hilfszügel tragen. Grundsätzlich dient das Longieren zum einen der Ausbildung des Pferdes, zum andern auch der Ausbildung des Reiters.

Junge Pferde gehen etwa ab zweieinhalb Jahren an der Longe. Sie erlernen dabei, sich zu biegen, das heißt, ihren Körper sozusagen „in die Kurve zu legen", und auf Kommando Schritt, Trab oder Galopp zu gehen. Außerdem kann man an der Longe damit beginnen, das Pferd langsam an Sattel und Trense zu gewöhnen.

Für den Reitanfänger bietet die Longierarbeit erste Gelegenheit, seine Haltung und seinen Sitz zu lernen und zu korrigieren, ohne mit der Führung des Pferdes belastet zu sein. Je nach Reiter können mehrere Stunden an der Longe erforderlich sein.

Auch bereits ausgebildete oder schwierige Pferde werden an der Longe gearbeitet, können gelockert und gelöst und in der Vorwärts-Abwärts-Bewegung unterstützt werden.

Zu intensives Arbeiten an der Longe strapaziert allerdings die Beine, daher sollte man sich auf etwa zehn bis zwanzig Minuten beschränken und vor allem auch die Laufrichtung wechseln.

Das richtige Longieren muss bei einem erfahrenen Ausbilder erlernt werden, denn, was vermeintlich leicht aussieht, ist in Wirklichkeit

oben:
Beim ersten Aufsitzen auf ein junges Pferd wird behutsam vorgegangen.

unten:
Das an der Longe galoppierende Pferd trägt einen so genannten Kappzaum.

eine ernsthafte Übung, die sorgfältig und fachgerecht durchgeführt werden muss.

Ist das auszubildende Pferd die Arbeit an der Longe gewöhnt, so kommt nach dem Satteln schließlich das erste Aufsitzen. Um dem Pferd einen ersten Eindruck von dem zu erwartenden Reitergewicht zu vermitteln, legt man sich zuerst nur mit dem Oberkörper über den Pferderücken. Nimmt das Jungpferd dies gelassen hin, so kann aufgesessen werden. Dabei sollte man möglichst vermeiden, das Pferd mit der Fußspitze am Bauch zu kitzeln. Es ist außerdem ratsam, sich beim Aufsitzen helfen zu lassen. Sitzt der Reiter dann im Sattel, dann leistet die Longe auch hier wertvolle Dienste. Das Pferd kann sich mit der ungewohnten Last vertraut machen, ohne dass eine Hilfengebung vom Reiter erfolgt.

Das Tier kann so ganz allmählich an seine neue Aufgabe herangeführt werden. Bei aller erforderlichen Behutsamkeit ist jedoch ein zaghaftes Vorgehen nicht ratsam, dies würde das Jungpferd nur verunsichern. Je selbstverständlicher der Vorgang erscheint, desto weniger Misstrauen wird beim Pferd geweckt.

Hier sieht man eine der schwierigeren Übungen bei der Bodenarbeit. Die auf dem Boden ausgebreitete Plastikplane sieht für das Pferd nicht sehr vertrauenserweckend aus. Außerdem raschelt sie unheimlich, sobald das Tier einen Huf darauf setzt. Darum ist es wichtig, dass sich das Tier vor dem Überschreiten der Plane damit vertraut macht und es nicht mehr als Gefahr einordnet. Sinn der Übung ist es, dass das Pferd schließlich ruhig bei gesenktem Kopf über die Plane geht, anstatt panisch darüber hinweg zu springen.

Ein Springpferd beim Hochsprung über eine Mauer.
Beim Mächtigkeits-springen können die Hindernisse bis zu zwei Meter hoch sein.

Pferdesport

Springreiten

Das Springreiten entstand in Irland und England aus dem Jagdsport, der von den Pferden verlangte, bei der Verfolgung des Wildes jedes Hindernis zu überspringen. Daraus entwickelte sich der Springsport, schon 1864 fand in Dublin/Irland das erste öffentliche Springturnier statt.
Unter Springreiten versteht man das Überwinden verschiedener Hindernisse in einem Parcours in einer genau festgelegten Reihenfolge. Dabei gibt es Sprünge, die hoch und weit gehen, etwa über einen Oxer, Sprünge, bei denen es nur um die Weite geht, etwa den Wassergraben und schließlich Sprünge, die nur in die Höhe gehen, zum Beispiel das Gatter.
Man unterscheidet heute je nach Ausbildungsstand von Pferd und Reiter verschiedene Leistungsklassen, von der leichten Klasse E, der so genannten Eingangsstufe, über Klasse A, Anfangsstufe, Klasse L, Leichte Anforderung, Klasse M, Mittelschwere Anforderung bis zur Klasse S, der Schweren Anforderung.
Das Springreiten stellt eine enorme Belastung vor allem für die Vordergliedmaßen des Pferdes dar. Es ist also nicht etwa der Sprung aus einer kräftigen Hinterhand über ein Hindernis das Problem, sondern die Landung des gesamten Gewichts von Roß und Reiter, immerhin zusammen etwa 600 bis 700 Kilogramm, auf der weit weniger starken Vorderhand.

Dressurprüfungen erfordern ein hohes Maß an Versammlung. Gut ausgebildete Dressurpferde reagieren auf feinste Hilfengebung.

Dressur

Bei dieser Sportart geht es um die korrekte Ausführung bestimmter festgelegter Figuren und Übungen. Dabei ist es wichtig, dass ein Reiter sein Pferd sicher unter Kontrolle hat. In der Englischdressur erfolgt die Einteilung der Klassen wie beim Springreiten.

Bei der Westerndressur unterscheidet man unter anderem die Klassen Western Pleasure, Trail, Reining und Western Horsemanship.

Bei Western Pleasure werden die Pferde am losen Zügel in den drei Grundgangarten vorgestellt. Im Trail muss ein Parcours mit Hindernissen – etwa das Öffnen und Schließen eines Gatters und das Überwinden einer Holzbrücke – absolviert werden. Das Reining zählt zur höheren Westerndressur, hierbei muss der Reiter sein Pferd perfekt unter Kontrolle haben und Galoppwechsel und beispielsweise Slidingstops und Spins flüssig vorführen. Beim Western Horsemanship spielen die Haltung und die Gangarten Walk, Jog und Lope eine wichtige Rolle; innerhalb von 30 Sekunden muss außerdem ein Parcours bewältigt werden.

Auch im Westernreiten gibt es Dressurprüfungen in unterschiedlichen Klassen.

Militarypferd beim Durchqueren eines Wassergrabens, das nächste Hindernis schon fest im Blick.

Vielseitigkeitsreiten

Diese Sportart – früher auch als Military bezeichnet – kombiniert Elemente aus der Dressur, dem Springreiten und dem Geländereiten. Durch die vielfältigen Anforderungen an Pferd und Reiter gilt das Vielseitigkeitsreiten als eine der schwersten und gefährlichsten Pferdesportarten. Als geeignetste Pferderasse für diese anspruchsvolle Sportart gilt das Englische Vollblut.

Fahren

Auch bei dieser Sportart geht es um die Kontrolle des Menschen über das Pferd. Hier ist es der Wagenlenker, der mit seinem Gespann in einer Geschicklichkeitsprüfung beweisen muss, dass er fehlerfrei einen Parcours mit unterschiedlichen Hindernissen absolvieren kann. Es gibt Wettbewerbe für Ein- und Mehrspänner die in verschiedenen Klassen gegeneinander antreten.

Ein Vierspänner im schwierigen Parcours einer Fahrprüfung.

Flachrennen sind Galopprennen ohne Hindernisse.

Rennsport

Beim Pferderennsport unterscheidet man grundsätzlich nach den Gangarten zwischen Trabrennen und Galopprennen. Für das Trabrennen werden speziell gezüchtete Traber eingesetzt, die vor einem so genannten Sulky nur im Trab gehen dürfen. Fällt ein Pferd in den Galopp, wird es disqualifiziert. Die Bahnlänge beträgt hierbei zwischen 800 und 1200 Metern.

Die Galopprennen dienen sozusagen nebenbei auch der Zuchtauswahl für das Englische Vollblut. Je nach Rennerfolg werden die Pferde dann anschließend zur Weiterzucht eingesetzt.
Man unterscheidet Flachrennen, die zwischen 1000 und 4000 Meter lang sind, und Hindernisrennen. Dabei gehen Fliegerrennen bis 1400 Meter, Mittelstreckenrennen 1600 bis 2200 Meter und Steherprüfungen über 2400 Meter.

Beim Trabrennen läuft das Pferd vor einem speziellen Wagen, dem Sulky.

Eine rasante Pferdesportart, Horseball. Der Reiter im Vordergrund hält den Ball im Arm, oben rechts sieht man den Korb.

Horseball

Diese schnelle Sportart könnte man als „Basketball zu Pferde" bezeichnen. Vier Spieler pro Mannschaft versuchen, einen Ball mit einem Griffbügel in den gegnerischen Korb zu werfen. Dabei geht es allerdings trotz strenger Regeln wesentlich härter zur Sache als im Basketball. Allerdings darf immer nur in eine Richtung geritten werden, um allzu gefährliche Situationen zu vermeiden. Das Spiel dauert zwei Halbzeiten mit je zehn Minuten, unterbrochen durch eine fünfminütige Pause.
Auch bei dieser Sportart ist bei den Pferden Wendigkeit und Schnelligkeit gefragt, allerdings mit denselben Beanspruchungen, wie sie auch beim Polo auftreten.

Auch beim Distanzritt empfiehlt es sich, einen Helm zu tragen.

Distanzreiten

Beim Distanzreiten gilt es, eine Strecke von mindestens 25 bis zu 160 Kilometern zurückzulegen. Die wichtigste Voraussetzung für diese Sportart ist ein gut durchtrainiertes, kerngesundes Pferd, das Ausdauerleistung bringen kann, etwa ein Araber. Nur auf diese Weise kann gewährleistet werden, dass das Pferd den gründlichen tierärztlichen Kontrollen vor, während und nach dem Ritt auch standhält.

Ein Trailride in den Badlands in den Vereinigten Staaten von Amerika. Wie zu Zeiten der Eroberung des amerikanischen Westens geht es auch mal mit dem ganzen Tross durch einen Fluss. Hier trifft man im Gegensatz zum dichtbesiedelten Deutschland oft tagelang keine Menschenseele.

Sportliches Reiten

Neben den vielen Sportarten mit Pferden für Profis und Halbprofis, bei denen es um einen Sieger geht, gibt es auch zahlreiche andere Möglichkeiten, sich sportlich mit Pferden zu betätigen. Einige davon haben wir in diesem Buch schon erwähnt.

Für Naturbegeisterte bietet sich beispielsweise das Trekking- bzw. Trail-Reiten an. Mit einer Gruppe Gleichgesinnter führt der Ritt durch reizvolle Landschaften. Für weniger Verwegene gibt es die Möglichkeit an Reiterralleys teilzunehmen. Hier ist neben viel Geschicklichkeit auch viel Humor gefragt.

Ein Ritt in der Gangart Tölt ist für den Reiter besonders angenehm. In dieser von nur wenigen Pferderassen beherrschten Gangart werden auch Rennen veranstaltet.

Begriffserklärungen

Abfohlen: die Fohlengeburt.

Abreiten: reiten im Schritt am langen Zügel; dies dient der Erwärmung der Muskulatur und der Bildung von Gelenkflüssigkeit vor der Belastung des Pferdes sowie der Entspannung und dem Trocknen des Fells nach dem Ritt.

Absetzen: wenn Mutterstute und Fohlen nach etwa einem halben Jahr getrennt werden.

Abstammungsnachweis: ein Dokument, das die Geburt und die Herkunft eines Pferdes nachweist. Beim A. handelt es sich um eine echte Urkunde, die nicht verändert oder gefälscht werden darf.

Abteilung: Gruppe von Reitschülern in einer Reitschule, die sich ungefähr auf dem gleichen Kenntnisstand befinden.

Aktion: dieser Begriff beschreibt den Bewegungsablauf eines Pferdes. Besonders im Trab achtet man darauf, dass entsprechender Schub aus der Hinterhand erfolgt und die Beine raumgreifend nach vorne gebracht werden.

Allroundpferde: Pferderassen, die sich als Zugpferde wie auch als Reit- und Sportpferde eignen.

Amazone: Bezeichnung für weibliche Reiterinnen, die auf eine alte griechische Sage zurückgeht, in der von einem kriegerischen Reitervolk erzählt wird, das nur aus Frauen bestand.

Anbinde: stabile Vorrichtung zum Festbinden von Pferden; beispielsweise in Form eines Anbinderinges an einer Wand.

Ausbinder: Hilfszügel, die beidseitig am Sattelgurt befestigt werden. Sie dienen der Unterstützung von Reitanfängern und als Hilfsmittel beim Longieren.

Ballen: ein Knorpel am hinteren Ende des Strahlbeins. Wenn Pferde sich mit dem Hinterhuf auf die Ballen der Vorderhufe treten, können sie sich verletzen (Ballentritt).

Bande: seitliche Begrenzung der Reitbahn. An der B. sind die für das Dressurreiten wichtigen Buchstaben angebracht.

Beschlag: aufgenagelter Hufschutz. Neben dem herkömmlichen Hufeisen gibt es inzwischen auch Beschläge aus Kunststoff und Aluminium. Außerdem verwendet man auch aufgeklebten Hufschutz oder Hufschuhe.

Domestikation: von lat. „domesticus“ = zum Haus gehörend; auch als Haustierwerdung bezeichnet. Man versteht unter der D. die Wandlung einer wilden Tierart in eine Haus- oder Nutztierart unter der Hand des Menschen.

Drohverhalten: mit Drohgebärden versuchen Pferde Artgenossen, andere Tiere oder Menschen zu beeindrucken. Der vermeintliche Feind soll sich entweder unterwerfen oder entsprechenden „Sicherheitsabstand“ halten.

Dressur: ein Teil der Grundausbildung eines Pferdes. Die Übungen der Dressur tragen zur gymnastischen Ausbildung und zum Gehorsam des Pferdes bei. Aus der Dressur hat sich der Dressursport in verschiedenen Reitweisen als eigenständige Sportart herausgebildet.

Exterieur: Gebäude des Pferdes; es gibt unterschiedliche Formen, etwa das Rechteckpferd oder das Quadratpferd, gemeint ist damit das Verhältnis von Widerristhöhe und Rumpflänge. Das E. hat entscheidenden Einfluss auf die Bewertung von Zuchtpferden.

Fohlen: ein Pferdejunges bis zum Alter von etwa einem Jahr.

Ganaschenprobleme: Einschränkung der Beweglichkeit (Ganaschenfreiheit) des Kopfes, die durch Muskeln oder Gewebe zwischen Unterkiefer und der Verbindung des Kopfes zum Hals entstehen kann.

Haarwechsel: Verlust von Winter- oder Sommerfell; während des H. sind die Pferde etwas anfälliger für Krankheiten; auch das Hufwachstum ist etwas beeinträchtigt. Diese Schwächung lässt sich durch das Zufüttern beispielsweise von Mash etwas ausgleichen.

Hengst: männliches, unkastriertes Pferd. Zuchthengste sind gekörte Hengste, d. h. sie haben eine Hengstleistungsprüfung absolviert und entsprechen in ihrem Interieur und in ihrem Exterieur den festgelegten Rassemerkmalen. Gute Vererber unter den Zuchthengsten sind sehr wertvoll und kön nen Hunderttausende von Mark kosten.

Hilfen: körperliche oder auch stimmliche Anweisungen eines Reiters oder auch eines Kutschers an das Pferd nennt man Hilfen. Sie können mit den Zügeln, mit den Schenkeln oder Fersen, mit der Reitgerte und durch Verlagerung des Gewichts erfolgen.

Hinterhand: die Kraft zur schnellen Vorwärtsbewegung kommt beim Pferd hauptsächlich aus der Hinterhand. Sie besteht aus Kruppe, Hinterbacke und Oberschenkel bis hinunter zum Sprunggelenk. Je nach Beschaffenheit der Hinterhand sind Pferde zu schnellem Lauf oder gutem Sprungvermögen fähig.

Hohe Schule: Form der klassischen Dressur, bei der das Pferd höchste Aufmerksamkeit und Gehorsam gegenüber dem Reiter zeigen soll.

Hornspalt: ein Spalt oder Riss in der Hornwand der Hufkapsel.

Hufrehe: diese Art von Hufkrankheit verursacht dem Pferd starke Schmerzen. Meist tritt diese Krankheit an den Vorderhufen auf, dabei ist die Huflederhaut entzündet und geschwollen. Als Ursache gilt unter anderem die Überfütterung mit eiweißreicher Nahrung, verbunden mit zu wenig Bewegung.

Interieur: Charakter des Pferdes. Das I. spielt bei der Beurteilung von Zuchtpferden eine wichtige Rolle. In der Regel streben die Züchter umgängliche Pferdetypen an; vom Freiberger beispielsweise wird Gutmütigkeit erwartet und in der Zucht verfolgt.

Kaliber: dieser Begriff beschreibt die körperlichen Eigenschaften eines Pferdes, sein Gebäude und seine Muskulatur; das K. ergibt sich aus dem Quotienten von Stockmaß und Gewicht, so kann etwa ein Shetland Pony durchaus ein größeres Kaliber besitzen als ein großes Warmblut.

Kaltblut: eine allgemeine Bezeichnung für schwere Pferderassen. Eine der größten Rassen, die zu den Kaltblütern zählt, ist das englische Shire Horse. Weitere Kaltblutrassen sind: Ardenner, Percheron und Süddeutsches Kaltblut.

Kappzaum: eine Zäumung ohne Gebiss, die vor allem beim Longieren eingesetzt wird.

Kardätsche: weiche Bürste zum Entfernen von Staub aus dem Pferdefell. Sollte im Winter bei Offenstallpferden nicht angewandt werden, da diese Bürste zuviel Fett aus dem Fell entfernt.

Karpalgelenk: andere Bezeichnung für das Vorderfußwurzelgelenk.

Kötenbehang: der Behang, die Haare an den Fesseln oder Köten.

Konkaves Profil: ein Profil, das vor allem Araber und Kreuzungen mit dieser Rasse auszeichnet („Araberknick")

Kopfscheu: wenn ein Pferd sich am Kopf nicht berühren lässt und schnell scheut, bezeichnet man es als kopfscheu. Ursache für ein solches Verhalten ist oft eine falsche oder schlechte Erziehung.

Leitstute: ranghöchstes weibliches Tier in einer Herde, meistens eine ältere Stute, die schon mehrere Fohlen zur Welt gebracht haben.

Lektion: Übungsteil in einer Reitstunde oder bei einer Prüfung.

Longe: sieben bis zehn Meter lange Leine, an der das Pferd im Kreis um den Ausbilder gearbeitet wird. Die Longe findet auch beim Voltigieren Verwendung.

Longierpeitsche: eine besonders lange Lederpeitsche, die bei der Longierarbeit eingesetzt wird. Sie bildet die hintere Begrenzung beim Longieren. Geschlagen wird mit dieser Peitsche nie.

Mash: ein kräftiges Futter, das aus mit kochendem Wasser versetzter Kleie besteht, oft werden weitere Getreidesorten und Leinsamen beigemischt.

Mauke: eine nässende Hautkrankheit in der Fesselbeuge. Vorbeugend sollte man nach jedem Ritt die Fesselbeugen abtrocknen.

Maulesel: Kreuzung aus Pferdehengst und Eselstute. Da die Größe der Eselstute die Geburt eines großen Fohlens nicht erlaubt, bleiben Maulesel kleiner als Maultiere.

Maultiere: Kreuzung aus Eselhengst und Pferdestute. Die Nachkommen von Maultier und Maulesel sind in der Regel unfruchtbar.

Nachgurten: das Nachziehen des Sattelgurtes nach etwa fünf Minuten Reiten; der Sattel „setzt" sich und der Gurt wird lockerer. Durch das N. vermeidet man, dass der Sattel abrutscht, was unter Umständen zum Sturz des Reiters führen kann.

Pedigree: Stammbaum der Vorfahren eines Pferdes. Nur reinrassige Pferde verfügen über einen Stammbaum oder ein P.

Pferdetypen: je nach ihrer Abstammung unterscheidet man unter den gebräuchlichen Pferderassen in Kaltblüter, Vollblüter, Ponys, Halbblüter und Warmblüter. Außerdem nimmt man Einteilungen hinsichtlich der Eignung vor, etwa Arbeitspferde, Sportpferde und Fahrpferde. Unter den Sportpferden unterscheidet man die Typen: Westernpferd, Springpferd, Traber und Dressurpferd.

Piaffe: Übung aus der Hohen Schule; „Trab auf der Stelle"

Pirouette: Übung aus der Hohen Schule; Eine Drehung in Form von Galoppsprüngen um die Hinterhand.

Quadratpferd: als quadratisch bezeichnet man den Körperbau eines Pferdes, bei dem Stockmaß und Rumpflänge etwa gleich sind. Diese Pferde kommen vor allem in der Dressur zum Einsatz.

Quarantäne: die isolierte Unterbringung von Tieren oder Menschen, die eine ansteckende Krankheit haben.

Ramsnase: ein Merkmal, das oft auf eine Wildrasse hindeutet. Allerdings finden sich auch in edlen Rassen ramsnasige Pferde, etwa bei den Lipizzanern und Andalusiern. Dieses nach außen gewölbte Profil nennt man auch „Elchnase" oder „römischen Kopf".

Raspe: eine Entzündung in der Beuge des Sprunggelenks, die der Mauke (siehe Krankheiten) ähnelt.

Reinzucht: eine Art der Pferdezucht, bei der nur Tiere der jeweiligen Rasse zur Zucht verwendet und keine Einzüchtungen oder Veredelungen mehr vorgenommen werden.

Ross: althochdeutsches Wort für die Pferde der Ritterknappen; die Ritter saßen meist auf Hengsten. Heute benutzt man das Wort gleichbedeutend für Pferd, vor allem für Kaltblüter, in Süddeutschland, der Schweiz und Österreich.

Rechteckpferd: beim Rechteckpferd übertrifft die Länge des Rumpfes das Stockmaß. Solche Pferde werden mit Vorliebe im Springsport eingesetzt.

Röhrbein: Bereich zwischen Karpal- bzw. Tarsalgelenk und Fesselgelenk.

Schlag: eine Zuchtrichtung oder Typenbildung innerhalb einer Rasse, die eine bestimmte Größe, Farbe oder Verwendung besitzt.

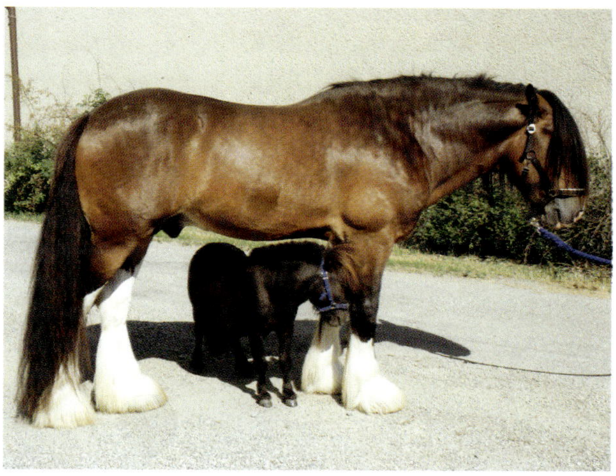

Schweif: bildet zusammen mit der Mähne den Behang. Im Unterschied zu anderen Säugetieren spricht man beim Pferd vom Schweif und nicht vom Schwanz.

Sporen: an den Reitstiefeln angebrachte Reithilfe. Im Englischreiten haben die Sporen die Form eines stumpfen Dorns, während die Westernreiter Sporen in Form von stumpfgezackten Rädchen tragen.

Stiefelknecht: eine praktische Ausziehhilfe für Reitstiefel.

Stockmaß: mit Hilfe eines waagrechten Stockes auf dem Widerrist und einem senkrechten Messstab misst man das Stockmaß.

Strahlbeinlahmheit: Hufrollenentzündung oder Podotrochlose.

Striegel: Putzgerät aus Metall oder Kunststoff, das zur groben Reinigung des Pferdefells dient. Der Striegel wird nur für Hals und Rumpf verwendet, nicht aber für die Säuberung der Gliedmaßen oder des Kopfes.

Stute: Weibliches Pferd. Zuchtstuten werden wie die Hengste nach Interieur und Exterieur beurteilt und bewertet.

Tarsalgelenk: andere Bezeichnung für das Sprunggelenk.

Tasthaare: einzelne dicke, lange Haare am Pferdekopf, vor allem im Maulbereich. Tasthaare dürfen niemals abgeschnitten werden, da Pferde sie zur Wahrnehmung ihrer Umgebung und zur Untersuchung des Futters benötigen.

Tete: von französisch „tête =Kopf"; der erste Reiter einer Abteilung.

Trächtigkeit: der Zustand einer Stute während der Entstehung eines Fohlens bis zur Geburt. Die T. dauert bei Pferden etwa elf Monate.

Verladen: Pferde in einen Transporter bringen. Viele Pferde machen beim Verladen in einen Pferdetransporter Schwierigkeiten, weil sie das Betreten des engen, düsteren Raumes scheuen. Es macht sich später bezahlt, wenn das Verladen schon mit dem jungen Pferd geduldig und behutsam eingeübt wird.

Voltigieren: das Turnen am longierten Pferd. Das V. eignet sich gut als Vorübung für das Reiten, da Körperbeherrschung und ein Gefühl für die Bewegungsabläufe des Pferdes trainiert werden.

Vorhand: Schulter, Brust und Vordergliedmaßen des Pferdes. Die V. trägt etwa 70% des Pferdegewichts.

Wallach: Kastrierter Hengst. Ein W. ist wesentlich problemloser im Umgang und im Vergleich zum Hengst auch in der Herde zu halten.

Widerrist: durch die Dornfortsätze der ersten Rückenwirbel gebildete Wölbung zwischen Hals und Rücken.

Zahnhaken: durch ungleichmäßigen Abrieb entstandene Überstände an den Backenzähnen. Haken müssen durch den Tierarzt oder den Schmied regelmäßig entfernt werden, da sie ein ausreichendes Kauen der Nahrung behindern.

Zangen: die beiden mittleren Schneidezähne des Pferdes.

Zwanghuf: im Trachtenbereich verengter Huf; muss behandelt werden.

Zwillinge: sind bei Pferden äußerst selten und überleben meist nicht. Zwillingsgeburten sind auch für die Mutterstuten sehr belastend.

Index